油气田数字化转型的变革与实践

编著

杜　强　汪　亮　孙

赵　娜　许海英

编委

陈柯宇　官　庆　谯茗之

靳天煜　蒋晓琳　李　晨

马骋宇　秦　超　任晓翠

唐兴建　许　倩　杨　涛

项目策划：孙明丽　傅　奕
责任编辑：傅　奕
责任校对：陈　纯
封面设计：璞信文化
责任印制：王　炜

图书在版编目（CIP）数据

油气田数字化转型的变革与实践 / 杜强等编著. —
成都 : 四川大学出版社, 2021.7
ISBN 978-7-5690-4827-8

Ⅰ. ①油… Ⅱ. ①杜… Ⅲ. ①油气田管理－数字化
Ⅳ. ① TE3-39

中国版本图书馆 CIP 数据核字（2021）第 140702 号

书名　油气田数字化转型的变革与实践

编　　著	杜　强　汪　亮　孙　韵　赵　娜　许海英
出　　版	四川大学出版社
地　　址	成都市一环路南一段 24 号（610065）
发　　行	四川大学出版社
书　　号	ISBN 978-7-5690-4827-8
印前制作	四川胜翔数码印务设计有限公司
印　　刷	郫县犀浦印刷厂
成品尺寸	148mm×210mm
印　　张	8.75
字　　数	237 千字
版　　次	2021 年 11 月第 1 版
印　　次	2021 年 11 月第 1 次印刷
定　　价	48.00 元

◆ 读者邮购本书，请与本社发行科联系。
电话：(028)85408408/(028)85401670/
(028)86408023　邮政编码：610065
◆ 本社图书如有印装质量问题，请寄回出版社调换。
◆ 网址：http://press.scu.edu.cn

四川大学出版社
微信公众号

目　　录

绪论　大势所趋，未来已来…………………………………（1）
　0.1　油田数字化转型是大势所趋 ……………………（1）
　0.2　油田企业数字化的背景 …………………………（6）
　0.3　油气田数字化建设的规划 ………………………（12）
　0.4　油气田公司“三化”建设的潜力分析 …………（21）

第1部分　操作层面实现数字化转型

1　操作层面的“数字化” ……………………………………（31）
　1.1　什么是操作层面的“数字化”? …………………（31）
　1.2　操作层面“三化”的现状和需求分析 …………（32）
　1.3　操作层面“三化”工作部署与实施策略 ………（45）
　1.4　操作层面“三化”的技术架构 …………………（47）
　1.5　操作层面“三化”的达成效果 …………………（48）
2　岗位标准化带来规矩引导 ………………………………（52）
　2.1　为什么要岗位标准化 ……………………………（52）
　2.2　如何实现岗位标准化? …………………………（53）
　2.3　岗位标准化的成效 ………………………………（56）
3　属地规范化带来控制操作 ………………………………（63）
　3.1　为什么要属地标准化 ……………………………（63）

3.2 如何实现属地标准化 …………………………… (64)
3.3 属地标准化的成效 ……………………………… (66)
4 管理数字化带来管理提升 …………………………… (71)
4.1 为什么要管理数字化? …………………………… (71)
4.2 如何实现管理数字化? …………………………… (72)
4.3 管理数字化的成效 ……………………………… (76)
5 第一个“三化”实现两个现场的管控 ……………… (78)
5.1 数字化系统和作业区数字化管理平台的对接 … (78)
5.2 把控设备施工情况 ……………………………… (86)
5.3 生产任务和工作进度 …………………………… (98)
5.4 现场业绩考核 …………………………………… (102)

第2部分 管理层面谋求智能化发展

6 管理层面的“数字化” …………………………… (107)
6.1 什么是管理层面的“三化”? …………………… (107)
6.2 管理层面“三化”的现状和需求分析 ………… (110)
6.3 管理层面“三化”工作部署与实施策略 ……… (117)
6.4 管理层面“三化”的技术架构 ………………… (119)
6.5 管理层面“三化”的达成效果 ………………… (121)
7 自动化生产实现安全生产全面受控 ……………… (125)
7.1 强化调控管理 …………………………………… (125)
7.2 深化数据应用 …………………………………… (127)
7.3 完善相应控制系统 ……………………………… (131)
8 数字化办公实现传统工作模式变化 ……………… (134)
8.1 办公一体化 ……………………………………… (134)
8.2 封闭到开放、固定到移动 ……………………… (139)
8.3 向智能化跨越 …………………………………… (144)

9 智能化管理实现业务转型升级 ……………………………… (152)
9.1 系统集成 ……………………………………………………… (152)
9.2 互通互联 ……………………………………………………… (157)
9.3 智能预警 ……………………………………………………… (160)
10 两个“三化”构筑“油公司”精益管理模式 …………… (164)
10.1 “油公司”改革实施方案与目标 …………………………… (164)
10.2 创新组织管理机制，高效推进“两化融合”管理体系实施落地 ……………………………………………………… (169)
10.3 借助云服务和项目群管理，实现信息化项目有序高效管控 ……………………………………………………… (170)
10.4 有效建立文件化管理体系，强化制度管理规范化与标准化 ……………………………………………………… (172)
10.5 多维度实施考核与激励，激发全员参与积极性与创新活力 ……………………………………………………… (173)

第 3 部分 油气田两个“三化”的实践

11 传统油气田的痛点 ……………………………………………… (177)
11.1 传统管理模式的不足 ……………………………………… (177)
11.2 应用系统的不足 ……………………………………………… (178)
11.3 差距分析 ……………………………………………………… (179)
12 开发领域全面推行两个“三化” ………………………………… (182)
12.1 “三步走”战略 ……………………………………………… (182)
12.2 “油公司”模式改革 ………………………………………… (183)
12.3 匹配战略落地，全面推行“两化融合”的发展需求 ……………………………………………………………… (185)
12.4 两个“三化”整体推进的实践之路 ………………………… (186)

13　成熟度评估…………………………………………………………（200）
13.1　指标体系构建原则……………………………………………（200）
13.2　成熟度等级划分　……………………………………………（201）
13.3　指标体系构建…………………………………………………（203）
13.4　评价模型的创建………………………………………………（209）
14　“两化”成熟度等级模型创建　………………………………（214）
14.1　油气田两个“三化”成熟度模型……………………………（214）
14.2　成熟度等级划分………………………………………………（218）
14.3　评价过程………………………………………………………（218）
14.4　结果分析………………………………………………………（220）
15　应用场景设计……………………………………………………（221）
15.1　开发管理部门应用场景设计…………………………………（221）
15.2　油气矿应用场景设计…………………………………………（224）
15.3　规划管理部门应用场景设计…………………………………（227）
15.4　勘探研究院应用场景设计……………………………………（229）

第4部分　两个“三化”让变革发生

16　构建行业规范……………………………………………………（233）
16.1　行业规范标准化………………………………………………（233）
16.2　数据模型标准化………………………………………………（233）
16.3　编码标准化……………………………………………………（234）
16.4　业务术语标准化………………………………………………（235）
16.5　数据模型和数据交换标准……………………………………（235）
17　夯实两个“三化”基础保障……………………………………（237）
17.1　组织机构优化…………………………………………………（237）
17.2　人才队伍建设…………………………………………………（239）
17.3　完善与规范管理制度…………………………………………（241）

18　“三化”建设策略…………………………………………（244）
18.1　油气田公司“三化”建设的规划……………………（244）
18.2　油气田“三化”建设规划具体框架…………………（249）
18.3　油气田“三化”建设规划核心内容——ERP后期完善…………………………………………………（254）
19　强化两个“三化”的应用实施…………………………（257）
19.1　完善两个“三化”体系建设…………………………（257）
19.2　强化两个“三化”标准研制…………………………（257）
19.3　强化两个“三化”战略规划…………………………（258）
19.4　强化两个“三化”综合集成…………………………（258）
19.5　强化两个“三化”监督检查…………………………（259）
20　变革两个“三化”产业模式……………………………（260）
20.1　实现生产实时化………………………………………（260）
20.2　实现过程自动化………………………………………（260）
20.3　实现油田智能化………………………………………（261）
20.4　实现油田可视化………………………………………（263）
20.5　实现管理协同化………………………………………（263）
20.6　实现分析的模型化……………………………………（265）
20.7　应用愿景………………………………………………（266）

参考文献……………………………………………………（269）

绪论　大势所趋，未来已来

0.1　油田数字化转型是大势所趋

进入到21世纪，信息化、智能化、数字化成为“三化”建设的核心，也是衡量现代企业的重要指标。将制度化、规范化、程序化合并提出一组科学严谨的表述。所谓制度，就是在一定历史条件下形成的政治、经济、文化等方面的体系，也指集团内部人员共同遵守的办事规程和行为准则；所谓规范，就是约定俗成或明文规定的标准；所谓程序，就是事先规定的事情进行的先后次序。通俗地理解，制度、规范、程序分别回答了“做什么”“做到什么标准”和“按照什么次序来做”的问题。

0.1.1　油田数字化转型的目标

进入21世纪以来，信息化浪潮席卷全球，信息化应用逐步深入，经济效益和社会效益得到巨大提升。随着经济全球化进程的加快和市场竞争的日趋激烈，世界石油工业面临严峻的挑战，世界各大石油公司在此形势下在抓紧进行大规模的兼并、联合、重组的基础上，进一步调整发展战略、调整产业结构，依靠技术进步，增强核心竞争力，拓展国际化经营，得到了进一步的发展。同时，发展中国家的石油石化公司迅速崛起，使新世纪世界石油石化工业的基本格局和竞争态势发生了深刻变化。在新的形势下，作为石油石化产业的中坚力量的世界各大石油石化公司的动向越来越引起世界同行的广泛关注，中国石油石化业界都希望通过对这些大公司最新动向的了解，进一步把握世界石油石化工业的发展趋势，以便为自身的战略决策提供借鉴和参考。

制度化、规范化、程序化三者之间相互依存，相互联系，构成了一个有机整体。制度化是前提，提供了规范和程序存在的基础；规范化是手段，体现了制度的有章可循和程序的有条不紊；程序化是保证，保证了制度的严肃性和规范的有效性。同时，三者又相互渗透、相互作用，有重点又不可偏废。其中，制度化必须遵循一定的规范和程序作保证才能实现；规范化则需要用制度的形式固定下来，对履行职能进行程序的约束；而程序化则要求在履行职能过程中坚持正确的方法步骤和程序设计，使之操作更规范，也需要用制度形式固定下来。从上述分析可以看出，“三化”之间是一种统一辩证的关系。

坚持从长远发展的角度理性对待信息化、自动化的油气田建设，认清打造“现代化、信息化、智能化”气田是未来智慧化气田发展的主流趋势。油气田各气矿各基层单位一是要加快推进物联网基础建设，持续规范数字化应用系统现场管理；二是专业技术管理人员要进一步深入一线，推动“两化融合”工作的持续深化，指导中心站班组、员工对信息化系统的运用，不断完善现场数字化工具的功能配备，强化系统运维管理，助推“两化融合”工作实现功能上的齐备和管理上的规范。

智能化、信息化和自动化是新时代三化的主旋律，随着信息化技术的飞速发展以及国家对信息化和工业化两化融合的提倡和推进，很多企业都已经在企业内部大力推动信息化发展，通过计算机技术提高企业内部管理能力和管理效率，优化企业业务流程。信息化战略规划能力是支撑企业 3～5 年战略发展目标实现的信息化能力建设需求。近年来，经济全球化和全球信息化形势突飞猛进，在大型企业“多元化”“集团化”“国际化”等不同发展战略下，信息化技术已通过各种方式渗透到人们工作和生活中的各个领域，成为提升产业结构和素质、提高劳动生产率、增强国家综合实力的最先进的生产力。在企业中，信息化技术已经被广泛应用到工业生产中的各个环节，信息化已经成为企业经营管理的常规手段。信息化进程和工业化进程不再是单方的带动和促进关系，而是在生产、管理、研发等各个环节相互交融，不可分割。

0.1.2 油田数字化转型的实践探索

借鉴国内外油气田信息化建设成功经验，进行两个油田数字化转型实践探索，开展油田开发生产数字化转型专项规划——实现操作和组织管理层面两个“三化”（由图0−1−1、图0−1−2）。即组织管理层面实现管理生产自动化、办公数字化和智能化，操作层面实现岗位标准化、属地规范化和管理数字化。

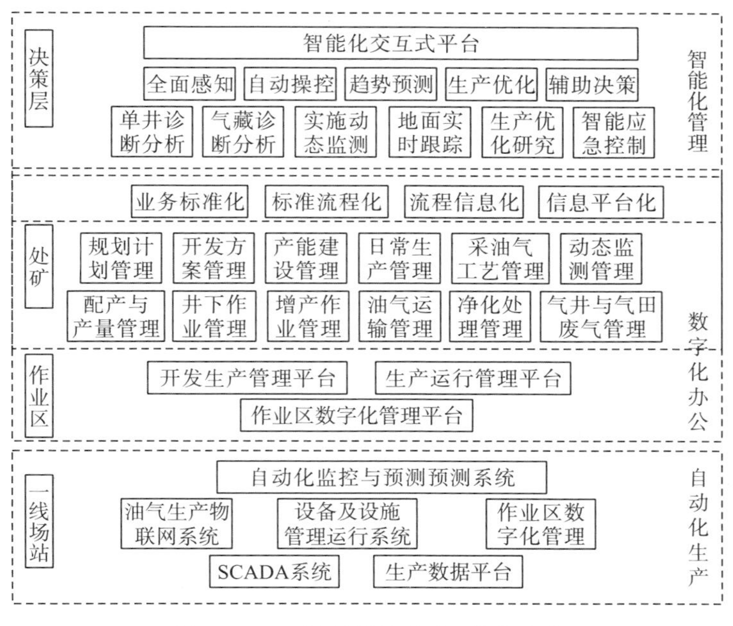

图0−1−1 组织管理层“三化”内容

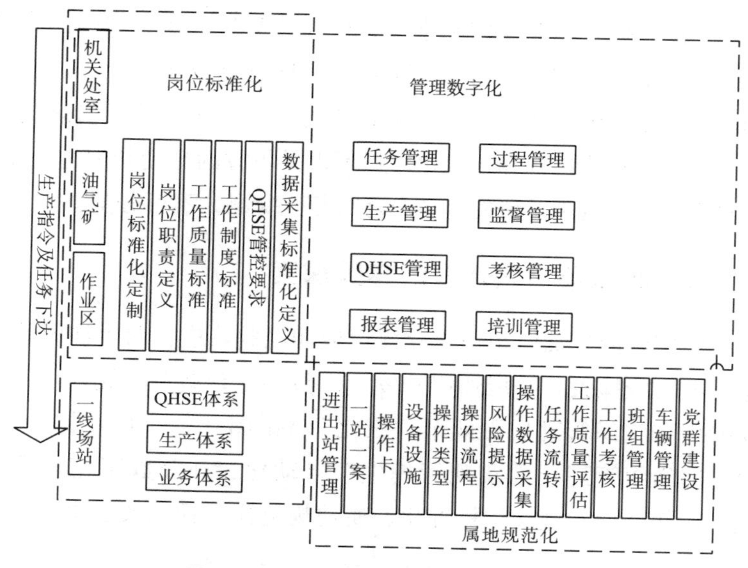

图 0—1—2　操作层面“三化”内容

1. 组织管理层面“三化”内容

（1）管理智能化

集成综合应用生产网、办公网数据信息，通过两化融合打造新型能力等工作，关键是开展二次组态与系统建模，推动智能化工具集成应用与定制开发，重点解决智能设备远程诊断专家系统建设、生产工艺系统与设备设施工况分析故障判断模型开发、生产数据与专业软件集成应用远程协同、开发完善数据库客户端工具实现生产与业务大数据挖掘应用等问题。

（2）办公数字化

依托办公网构建覆盖油气田开发全过程的满足公司、矿处两级应用（延伸至作业区）的业务管理应用平台，实现业务标准化、标准流程化、流程信息化、信息平台化，最终实现开发业务工作协同化、管理一体化、应用集成化，加快传统开发业务管理模式到网络化运行管理模式的转变，实现无纸化办公。

（3）生产自动化

生产网对生产系统的实时监控与预测预警，建设完善以SCADA系统为核心的自动化监控系统，利用物联网智能感知识别技术推动设备设施状态、生产过程数据自动采集传输交互、生产管理系统自动化提示预报警与运行优化等，全面支撑生产“全过程全方位安全受控”。

2. 操作层面“三化”内容

（1）岗位标准化

持续推进基层开发生产管理与“操作现场、施工现场”操作岗位的“干什么、怎么干、干的质量和标准”的工作标准体系建设完善与实效运行，结合生产工艺与配套系统实际，中心站有人站与无人站等动态优化与建设完善、岗位配置与职责赋予、工作界面划分与专业协同等要素，对运行监控、巡回检查、操作维护、分析处理、属地监督、风险管控及应急处置等事项进行规范，抓好抓实工作质量标准、QHSE站队标准化管理手册、班组管理手册与班组员工操作手册等建设完善、配套标准化培训课件的配置与岗位责任制建设落地。

（2）属地规范化

以各类型气（油）井、站场、管道及配套设施为对象，以“管什么、怎么管，管的质量和标准”为主线，全面构建“一层（井）一策”“一站一案”“一线一案”的管理规范，以及生产现场形象规范手册和施工作业现场标准化图册、施工作业现场检查手册与监督工作质量标准等，为生产、作业“两个现场”的受控奠定基础。同时系统梳理集成生产管理、QHSE管理、合规性管理、完整性管理、三基工作、承包商管理等，形成可视化成果和要求。

（3）管理数字化

要依托物联网建设完善、作业区数字化管理平台建设与推广运用，借助“云网端”手段，将“岗位标准化、属地规范化”相关要素数字化，实现基层管理制度流程重塑、工作全过程自动“写实”“远程支持协作”及“大数据”挖掘应用，推动基层管理由传统模式向“数字化”转型。

0.2 油田企业数字化的背景

随着信息技术的发展，信息技术已经或正在改变着企业的生产方式、运作方式，改变着企业的运营模式和生存环境。企业的经营活动越来越需要围绕着信息的获取、传递、共享和应用来展开。企业只有在企业生产、管理、决策的各个层面，引进和使用现代信息技术，增强信息收集和处理能力，全面改革管理体制和机制，提升传统的生产方式和管理方式，才能大幅度提高企业工作效率和经济效益。油气田公司（以下简称：公司）在开发生产管理领域，逐步建成并不断完善以开发生产管理信息系统为核心的多个支持开发生产管理业务的信息系统，改善了油气开发生产各项生产数据的采集、传输与汇总过程，满足了日常业务管理。但随着云计算、大数据、移动应用等技术的深入应用和油气生产物联网建成投用，开发生产管理业务对信息化工作又提出了更高的要求。

0.2.1 国内外油田企业数字化建设的现状

1. 国外数字油田研究与建设现状

人类已经步入了21世纪，知识经济革命正在蓬勃兴起，企业信息化的发展更为迅猛，信息和知识已经成为企业的战略资源，企业采集、共享、利用和传播信息的能力已经成为企业竞争优势的重要部分。国际上各大石油公司已经充分认识和体验到信息技术全面应用的作用，为了提高工作效率、降低生产和管理成本、面向全球及时做出生产经营决策，提高精细和综合地质研究的水平，进而提高企业经济效益和增强企业竞争力，他们非常重视信息系统和数据库建设，不断地提升企业信息化建设的水平，实现企业流程再造，变革企业运作方式，向数字油田迈进。

首先，国际各大石油公司，如 Shell、Schlumberger、BP－AMOCO 等，建立了与公司相适应的高速计算机网络传输平台，信息化基础设施已经比较完善，内部的勘探开发研究和生产、销售、技术服务等生产经营管理活动都运行在统一、稳定的网络上。不仅日常生产和管理信息通过网络传输，大块的地震数据也已经在网络上接收和处理，从而提高工作效率，降低运营成本。其次，利用数据银行等数据管理与应用技术，国际大部分油气公司实现了以集中的方式对勘探开发的原始数据和成果数据类信息进行统一的管理，为专业技术人员决策分析、科学研究（包括地震资料处理解释、地质综合解释、油藏描述、测井处理解释等）和生产管理人员的决策提供全面的信息支持。另外，在信息管理方面，各油气公司均实现了规范化、系统化和网络化，能够为各层次的管理人员提供及时、全面的信息服务。但管理的方式各具特色，有的以成本为核心管理生产信息，有的以产量为核心管理生产信息；有的建立了基于数据库的生产信息管理系统，有的采用 EXCEL 等简单表格的方式管理、使用和共享生产信息。

挪威国家石油公司业务流程管理强调标准化和集成化、集中管理和控制，对内部生产经营管理流程进行了全面地梳理和优化。其管理流程梳理首先进行了勘探开发业务的流程划分和定义，该公司把业务流程划分为四至五级，在此基础上对每个一级业务流程进一步细分，如将地球物理评价细化为地震资料采集、地震资料处理、地震资料解释、地质模型建立、构造分析五个子流程，并通过信息系统将流程标准化，实现了工作的规范和高效开展。

壳牌公司在强调降低 IT 成本的前提下，全面展开了企业内部的业务流程梳理及信息化，历经 2 年的全球标准化模板设计和 2 年的试点实施工作，最终在 2008 年完成了其管理流程的梳理、分析、优化及全球 ERP 系统整合。从客户订单开始，一直到生产计划、产品出货、运输、递送，全部信息处理都实现了规范化、信息化运行。同时，对原料采购、生产计划、生产动态监测、经营效果分析等方面加快了速度，使公司的生产经营活动始终占领当前市场的主要地位。

英国石油（BP）选取其财务业务作为信息化梳理的重点，对其上游和下游企业，均实施了 ERP 财务流程的梳理。随后以财务流程为基础，继续开展了勘探、销售、研发等业务流程的梳理，最终通过 SAP 的合并软件对多个实例进行了整合，有效提升了管理水平。

2. 国内数字油田研究与建设现状

目前国内对数字油田的理解纷杂不一，但已向统一发展。由于各油田企业对数字油田的理解不尽相同，因此产生了各种流派，主要包括：数字地球流派、地质模型流派、工程应用流派、信息管理流派和企业再造流派，前 4 个流派可以归结为狭义数字油田的范畴，企业再造流派即指广义数字油田。

各技术流派产生的根本原因在于对数字油田内涵理解的片面性，在不同的阶段、不同的视角具有不同的认识是十分自然的现象。特别是，信息化建设领域的技术人员与具体的用户在认识上肯定存在较大的偏差，信息技术人员注重整体结构和实现的技术，而用户更注重实际的应用效果。但是，随着各方人员沟通的深入，接触面将日益增大，认识将逐步统一，思路将渐渐一致。因为建设目标是相同的，而目标是引导各流派发展的最终动力，所以最终的结果必将是从片面走向全面，建设内容趋于统一。

信息技术与石油专业应用结合日益紧密。以往的信息化建设比较多地关注网络建设和软件系统开发，而专业应用领域一直保持着较为独立的地位，勘探、开发等应用领域仅仅将软件、数据库、网络视为生产和科研的工具，对信息技术对业务流程的优化、信息共享的重要意义以及 ERP 等没有深刻的认识。随着油气勘探开发难度的日益加大，信息技术已经成为解决勘探技术瓶颈、提高油田开发水平的必备支援，这大大促进了信息技术与勘探开发业务的紧密结合。

数据建设将得到空前重视。数据是石油企业的重要资产，这一认识已经被越来越多的企业领导、技术人员和管理人员所接受。网络和软件系统可根据应用需求随时更换，而数据却不能，数据不仅对现时的油田生产科研来说是不可缺少的，而且随着时间的推移，数据不断积累，数据的价值将逐步增加，基于历史数据的挖掘、分析和预测将为油气田未来的开发决策与调整等提供最有力的依据。正是鉴于这种情况，数据资产管理中心建设被提到了各油田信息化建设的日程上来。

油田面临高成本低产量的现状，以及传统管理模式不适应现代化油田建设等问题。结合油田实际情况，于 20 世纪 80 年代提出“四化建设”，分别是“标准化设计、模块化建设、规模化采购，信息化提升”的模式，推进了地面建设模式变革和生产运行方式变革。该油田的“四化”建设，通过创新布站模式、提升设计模式和改进建设模式等方式，推进了生产运行方式的变革，从而实现了人工资料录取为实时自动采集、人工巡检为电子巡检、人工现场操作为远程自动管控、事后处置为超前预警的转变。提高了管理决策水平和决策质量，充分利用信息技术手段，分梯次优化调整生产参数和开井时间，在保证油井产液量不降的情况下，达到节能降耗、延长检修周期的目的，对促进老油田稳产增效具有示范意义。

西北某油田属于典型的“三低”油气田，为确保低渗透油气藏的规模效益开发，该油田在坚持管理创新、技术创新和深化改革基础上，探索形成了“标准化设计、模块化建设、数字化管理、市场化运作”为主要内容的四化管理模式，推动了勘探开发、生产建设、经营管理等各项工作良性发展，实现了新增油气储量、油气产量的大幅度增长，步入油气总当量实现5000万吨。该油田的“四化”建设适应了大规模建设的需要，通过标准模板、定型模块、完善系列和重复利用等措施，油田标准化设计覆盖率达到95%，气田标准化设计覆盖率达到100%；设计周期平均缩短50%，工程预算编制周期平均缩短85%以上，设计效率显著提高，改变了以往采购等设计、施工等材料的工程建设现状；同时还提升了企业的核心竞争力。

从目前国内外数字油田研究现状看，国内数字油田建设，无论从数字油田信息化技术应用的广度，还是新的专业应用技术开发的深度上都要落后于国外发达国家石油行业。

0.2.2 国家对于数字化建设的政策解读

《国务院关于积极推进“互联网+”行动的指导意见》中提出，信息化与工业化融合，既是国家层面发展战略也是必然趋势。“两化融合”是制造强国建设的主线，是必须长期坚持的重要战略。“两化融合”引领企业生产模式变革和组织方式变革，助推企业管理和技术创新。依托优势企业，紧扣关键工序智能化、关键岗位机器人替代、生产过程智能优化控制、供应链优化，建设重点领域智能工厂、数字化车间等。以习近平新时代中国特色社会主义思想和党的十九大精神为指导，全面贯彻落实集团公司、油气田公司科技与信息化创新大会精神，突出生产导向、问题导向和效益导向，大力实施创新驱动战略，以科技创新激发全面创新活力，以信息化创新推动两化融合发展，以管理创新构建精细化新常态，大力提升自主创新、集成创新能力，为实现气矿高质量发展提供强大的创新动力。推动实施国家大数据战略，加快完善数字基础设施，推进数据资源整合和开放共享，保障数据安全；加快建设数字中国，更好服务我国经济社会发展和人民生活改善。

国内各油田公司经过“十三五”以来的信息化建设，完成了一系列的信息系统建设与推广应用，形成了一批勘探开发技术数据标准，促进了勘探与生产数据管理体制机制的建立与健全。

①信息化建设需要进一步加强与业务运行管理流程的结合。通过核心业务流程及需求来驱动信息化建设，根据业务梳理的分析方法，在横向上根据“勘探、评价、开发、生产”进行业务领域划分，纵向按“总部、油田公司、二级单位、生产现场”进行业务梳理，划分出油气勘探、油气评价、油气开发、油气生产 4 个业务架构以及全油田生命周期的上游核心业务总体流程。

②围绕统建自建系统的集成应用，需要持续完善相关标准建设。已建成应用的统建自建系统之间数据及技术标准不统一，数据及应用共享与业务协同困难，信息孤岛问题依然存在。需要强化项目之间的统筹协调，建立健全数据标准建设与共享机制，规范各类统建自建系统的集成应用。

③探索平台化建设模式。上游信息项目建设缺乏统一的业务及信息化支撑平台，各信息项目独立实施，资源分散，沟通共享协调困难，系统的灵活性和可扩展性都受到制约，应该探索更先进的统一技术的平台化建设模式，实现服务化组件化集中管理共享，为信息化系统集成整合、应用深化完善奠定良好的基础。

0.3 油气田数字化建设的规划

0.3.1 油田数字化建设的指导思想与规划原则

数字化建设要以党的十九届四中全会精神为指导，按照全面贯彻科学发展观的要求，站在油田可持续发展的战略高度，以“信息化带动工业化，工业化促进信息化”的理念，把提高应用信息技术的能力和促进信息技术的普及应用作为优先发展的两大领域，大力开展油田核心业务信息化，加强信息资源深度开发、及时处理、传播共享和有效利用，使业务流程持续优化、生产运行有序高效、经营管理透明规范、决策支持及时有效、服务形式快捷多样，推进和谐油田建设。

油气田信息化建设发展应遵循以下基本原则：

①坚持规划引导。充分发挥信息管理部门在统筹规划、宏观调控、统一标准、市场秩序、政策导向等方面的作用，对信息化建设全局予以指导。努力做到三个适应：一要适应油田发展战略对信息化更高层次的需要；二要适应提高快速应对市场变化能力、不断提高生产运营水平、降本增效对信息化的需要；三要适应油田参与国际竞争对信息化的需要，保证信息工作的全面协调可持续发展。

②坚持做到“五个统一、两个必须”。即统一规划是前提，统一标准是基础，统一建设是方法，统一投资是手段，统一管理是关键。坚持“两个必须”：一是必须统一思想认识，切实加强领导。二是必须抓好信息技术与专业应用的结合，实现信息技术和专业技术的互融互通，促进共同提高。

③坚持上市和存续信息化统筹发展油气田信息化是一个系统工程。上市公司部分和存续部分在信息传递和交流是一个整体，

信息化建设要做到“两个立足，两个带动”：立足于提高油田勘探开发水平，以勘探开发核心业务信息化建设辐射和带动辅助业务信息化建设；立足于提高油气田精细管理水平，以核心业务管理信息化建设促进和带动油田辅助生产管理水平的不断提高，实现上市公司和存续部分信息化统筹发展。

④坚持勘探开发一体化。坚持强化信息安全建设一是要充分考虑勘探、开发的不同需求，通过不同专业信息整合，实现跨学科、跨地域的专家能够针对同一地质研究对象进行协同工作，交流知识、共享成果，实现勘探开发一体化，达到多学科的结合、技术与经济的结合、方案与实施效果的结合。二是要加强信息基础设施建设，尤其是数据资源建设和共享，在开展更广泛和更深层次的信息技术应用的同时，高度重视信息安全建设，坚持信息化与信息安全的同步发展，维护信息安全和社会安全。

⑤坚持三个结合。一是坚持条块结合。在网络建设、信息资源开发利用等方面，坚持条块结合，坚持核心业务信息化与生产辅助信息化密切结合、协调发展。二是坚持点面结合。树立不同类型、不同信息化水平、不同投入产出比的各类信息化示范样板，既要有中、高级信息化的典型，也要有初级信息化的样板，以点带面，推进信息化的发展。三是坚持超前与现实相结合。信息化发展要坚持高起点、快发展，要立足油气田实际，有所为，有所不为，重点解决信息化建设和信息产业发展中的主要矛盾。发挥比较优势和后发优势，实现跨越式发展。

⑥坚持扩大开放和人才培养。一是信息化建设要紧紧跟踪世界信息化潮流，学习国内外的先进经验，加强与国内外的交流与合作，积极跟踪、引进和吸收先进技术，“引进来”与“走出去”并举，避免弯路。坚持产业开放、市场开放，完善市场运作机制。二是把科技创新和人才资源开发引进放在更加突出的位置，努力营造尊重知识、重视人才、鼓励创业的社会环境，充分发挥

各类信息化专业人才的作用。

0.3.2 数字化建设规划目标

油气田信息化建设最终争取实现使专业人员收集、整理数据的时间减少；在地质综合研究领域，实现先进大型软硬件资源远程共享，建成勘探开发决策支持系统，形成满足油田勘探开发协同研究的软件技术系列；在生产管理领域，实现油田生产动态的及时、准确把握，实现事故提前预警，实现施工方案和生产过程优化；在经营管理领域，完成ERP功能的补充完善和经营决策支持系统建设，实现现有经营管理系统与ERP的集成、整合；在社会化信息服务领域，实现政策、法规、医疗卫生、养老、住房、交通、餐饮等信息的网上查询，满足职工生活信息的需求。完成职工网络培训体系的建设，满足职工学习知识和提高技能的需求。

深度融合油气生产基础工作管理要求，建立标准化生产体系、业务体系、基层站队QHSE体系，建立生产、施工现场运行实施的电子化监督机制。利用先进信息技术，建成作业区数字化管理平台，在生产一线实现“岗位标准化、属地规范化、管理数字化”。实现油气生产由传统管理模式向数字化管理转型。全面整合油气开发生产业务，优化重塑两级业务流程，集成应用专业分析软件，建立协同工作环境与运行机制，建成开发生产管理平台，实现油气开发业务“计划、方案、部署、实施”和“气藏、井筒、地面”的一体化管理，在主力气田建成“自动化生产、数字化办公、智能化管理”智慧气田。实现开发管理由传统业务管理向网络化高效运行管理转型。

0.3.3 数字化建设的模型

本书认为，数字油田就是将整个油田看作一个完整的大系统，ERP、勘探开发、生产运行等业务都是这个大系统中的子系统，数字油田建设就是以信息技术为手段，以管理变革为基础，将油田的各个系统整合起来，在一个统一的数字平台下，实现对油田所有资源的高效管理。

油气田数字油田的核心是为石油企业建立数据和信息资产的共享机制和管理体系，在信息共享的基础上，面向石油勘探与开发、地面建设、储运销售以及企业管理等各生产环节，建立多专业的综合数据体系，并与各专业的应用系统进行高度融合。在建立油田生产和管理流程优化应用模型的基础上，利用虚拟现实技术对数据实现可视化和多维表达，并且通过智能化分析模型，为企业的经营管理提供良好的信息支撑环境，下面我们分析一下油气田的数字油田建设的一些内容。

1．油气田数字油田框架结构

油气田从战略的高度提出建设数字油田，以信息化带动和提升传统石油产业。油气田在广泛调研和深入分析的基础上，提出“数字油田是以油田资源的数字化为基础，以网络为依托，以信息技术为手段，以推动科研创新、优化生产运行、规范经营管理为目的的综合信息系统”，并结合油田实际提出数字油田框架结构（见图0－3－1）。

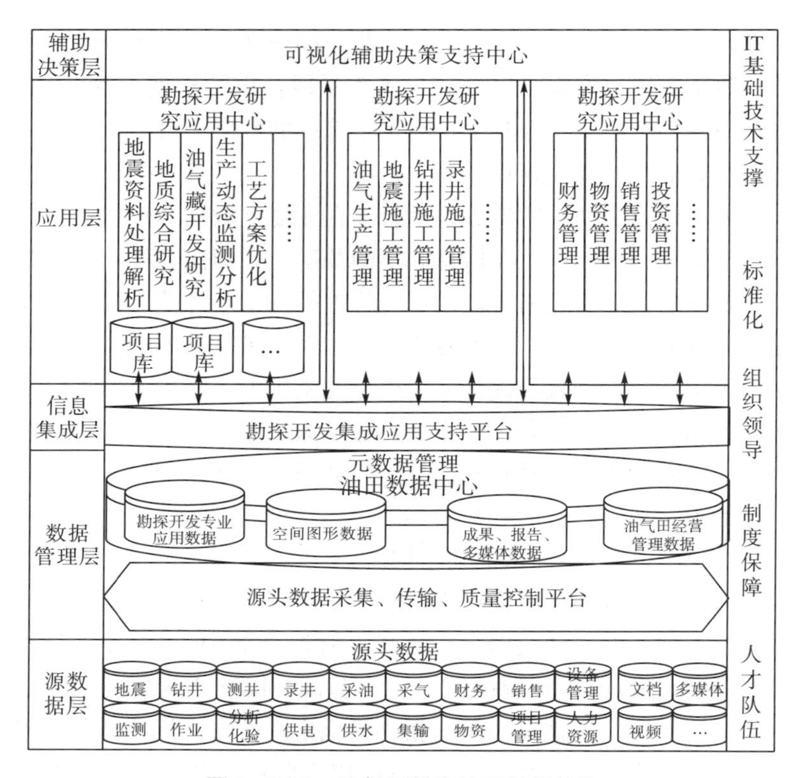

图 0-3-1　油气田数字油田框架结构

油气田数字油田框架整体表现为五层架构，即源数据层、数据管理层、信息集成层、应用层和辅助决策层。油气田方案既考虑了勘探开发研究和生产运行管理，又考虑了经营管理和可视化决策，同时还考虑了配套的保障体系建设。就目前国内外企业信息化的实践表明，当前信息化的最大障碍是观念问题，本质上是管理体制问题，技术影响在整个信息化推进过程中所占的比重较小，因此油气田提出的框架结构是一个偏重于管理的逻辑框架结构，体现了油田信息化是一个系统工程。

2. 油气田七层广义数字油田架构模型

七层广义数字油田架构最初是由大庆油田提出来的，现利用该模型对油气田构建数字油田框架。数字油田是数字地球在油田的具体应用，是对真实油田整体及相关现象的统一性认识与数字化再现，数字油田的实质就是一个信息化的油田，能够汇集该油田的自然和人文信息，人们可以对其进行探查和互动。从实践上来说，数字油田是指以油田为基础对象，以地理坐标为依据，科学、合理地组织各种油田信息，将海量、多源、异构的信息资源进行全面、高效、有序的管理与整合，在高速的网络环境中，充分利用空间的分析、知识挖掘、多媒体、虚拟现实和科学计算等技术，为油田生产和管理以及油田可持续发展建立一个具有空间化、数字化、网络化、智能化和可视化的信息支持环境。

在广义数字油田的内涵中同时包括了以下几方面的含义：数字油田是数字地球模型在油田的具体应用；数字油田是油田自然状态的数字化信息虚拟体；数字油田是油田应用系统的集成体；数字油田是企业的数字化模型；数字油田是数字化的企业实体；数字油田的能动者是数字化的人。

为了便于制定数字油田实现手段与目标，大庆油田绘制了广义数字油田的基本架构，该架构是数字油田概念的具体体现。数字油田的基本架构可划分为环境层、数据层、专题库层、模型层、应用层、集成层和战略层七个层次。

①环境层。环境层是数字油田的最底层，主要是指信息化基础设施，包括计算机系统、网络、电子邮件等公共系统，它为数字油田提供全方位的信息技术支持。

②数据层。数据层处于数字油田结构的底部，为数字油田提供数据支持。数据层的主要内容是各类数据库和非结构化数据体以及组织、管理这些数据的基础平台（数据仓库等）。这些数据是构建油田模型的基础信息，主要包括基础地理信息数据和油田

研究、生产、经营管理数据。

数据层被分成三个子层，各个子层的数据由下到上逐渐集中。源数据分布在整个油田的各级单位和岗位，但以基层为主。源数据库系统是数字油田的前端信息采集器和存储器。专业主库是以油田工程和管理单元划分的若干源头数据的汇总，可供一定范围内的单位使用，并由他们进行日常管理。数据仓库的作用是完成油田各类数据的整合与调度，它的一个重要部分是源数据库。

③知识层。知识层主要包括各类专题数据库及知识库。专题数据库及知识库是指面向不同应用或研究主题的项目数据库、专题数据库或知识库。实际上，专题数据库中的内容在数据层已经存储，设置专题数据库是为了应用方便和保证数据层的稳定性及相对独立性。知识库是信息经过提炼而形成的，它存储已经被总结、抽取、升华而形成的并已被整理、分类的知识。

④模型层。该层定义油田的地质模型和企业模型。这些模型是在丰富的信息基础（数据层和专题库层）上建立的。通过模型实现数字油田的仿真和互动功能。地质模型以数字地球模型为参考和基础。

⑤应用层。应用层由油田的石油专业和经营管理两方面的各个应用系统组成，解决油田科研、生产、经营管理的实际问题。应用层以软件系统为主，是最复杂的一层。

⑥集成层。在集成层，利用企业信息门户、知识管理系统、ERP 系统等把整个应用层及以下各层的应用系统整合起来，实现完整的数据油田的统一入口。

⑦战略层。战略层是数字油田结构的最高层，是整个数字油田的方向主导者。在战略层，要依靠数字油田建设达到企业再造的目的。战略层制定数字油田的整体性方案与建设策略。

图 0－3－2 中阴影部分为狭义数字油田的覆盖范围。狭义数

字油田是广义数字油田的基础和初级阶段。阴影以外的大部分可归属到 ERP、BPR 等技术与思想的研究与建设范畴。

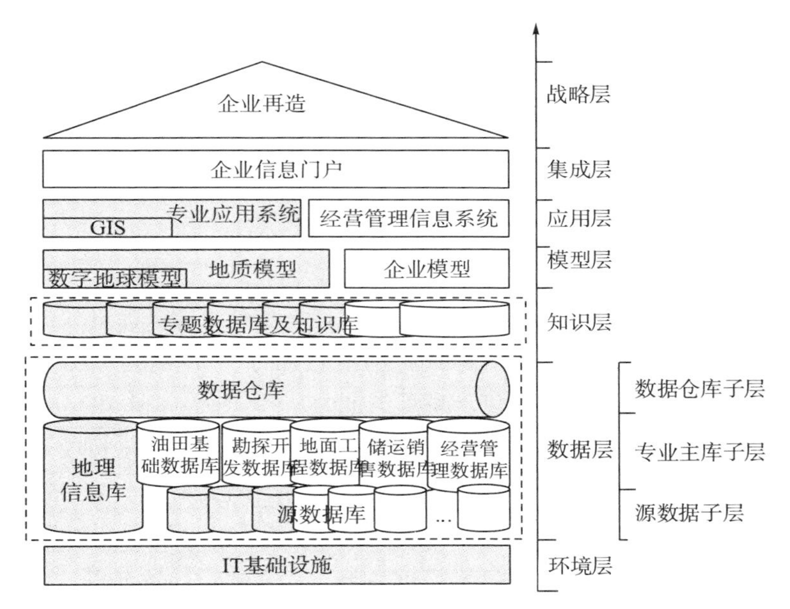

图 0－3－2　油气田七层广义数字油田架构模型

0.3.4　开发生产两个“三化”建设的内涵

1. 信息化技术创新发展，提速“数字化”气田建设

坚持“数字化”气田发展方向，加快气田数字化、信息化建设进程，加大现代信息化技术集成应用，推进信息化与工业化深度融合，有力提升了气田生产管理水平和运行效率。开展生产信息化技术研究及集成应用，实施气田 SCADA 升级改造、生产信息化建设、物联网建设，形成了集数据采集、远程控制、安全防范为一体的生产信息化配套技术，完善生产井实时数据采集、关键阀门远程控制、生产辅助设施自动化等功能，构建起“无人值守

站—中心站、直管站—作业区—气矿”四级数字化生产管理模式。

大力集成应用大数据、云计算、物联网等先进信息化技术，加快信息系统建设与应用，实现信息化物联网、作业区数字化管理平台、智能化控制、移动应用、虚拟现实应用等一批特色信息化系统建成投运并发挥重要作用，推动气田生产管理模式深度转型。综合应用网络边界及脆弱性扫描、流量采样与分析、应用冗余、漏洞扫描等信息网络安全技术，强化桌面安全准入、身份认证和终端管控，提升了信息安全主动防护水平。

2. 聚力推进信息化创新，加快“智慧气田”建设

全力抓好气田信息化完善建设和持续提升，积极促进数据集成共享和系统集成应用，持续推动信息化与生产经营深度融合，有效提升以信息化引领创新发展的能力。

持续完善信息化建设。抓好物联网、作业区数字化管理平台建设及推广应用，规划管道管控平台、生产调度系统、生产数据智能化管理、现场智能巡检、无漏项受控管理平台等项目建设，进一步提升数字化、信息化建设水平。大力融合高速光缆、5G、卫星通信等现代化传输技术，有序推进气田信息化网络升级改造，健全完善通信网络体系，建成稳定、可靠、快速、高效的信息通信网络，保障气田信息化系统的持续平稳运行。

持续推进智能化应用。整合已建信息化系统资源，加大信息化集成应用力度，打通信息“孤岛”，构建形成“横向集成、纵向贯通”的信息化系统网络，实现面向各级业务应用的有效集成。大力开展信息化数据管理与应用研究，加强大数据、云计算等先进技术集成应用，搭建气田信息化数据共享利用平台，促进信息化数据在各专业系统之间的高效流动，切实提升系统对海量数据的筛选、分析、应用水平，为勘探开发、经营管理、安全环保、科技创新、基层建设提供有效的决策支持，加快各业务领域数字化、自动化和智能化进程。健全完善智能泡排加注、设备预

防性维护、自动预警、自动模拟、应急联动、移动办公等系统功能，大力探索气田生产组织、操作与管理模式变革，实现业务流程再造、生产组织优化和管控能力提升。

持续提升运维管理水平。抓好已建成信息化系统的运行维护，组织实施一批自控设备安全隐患治理、管道阀室远程监控完善项目，持续提升系统完整性管理水平。抓好信息化运维管理平台推广应用，不断健全完善系统功能，强化数据查询、远程诊断、自动分析、决策支撑等功能，持续提升运维管理效率。加强信息安全防护体系应用研究，持续强化基础设施运行监控、网络安全加固、运维安全管理、信息安全检查，升级主动安全防护技术手段，全面提升信息安全整体防范能力。

0.4 油气田公司“三化”建设的潜力分析

0.4.1 开发生产业务数字化建设潜力分析

1. 组织管理业务数字化建设潜力分析

①在规划管理方面，需要建立业务驱动的流程体系，以公司战略对运营能力的要求为出发点，从价值链角度对流程进行梳理、分析，并做系统性的改进和提升；二是进行持续的流程改进，随着公司业务和组织的变化，相关流程应当及时更新或者增补，并从整体业务的角度进行体系化整合，以保证流程体系完整和实用；三是制定流程标准和规范表达方式，设置统一的流程设计模板和规范的流程描述方式，并定期进行流程管理和维护，以确保公司流程的统一和体系化。

②在开发方案管理方面，主要存在方案制定和实施过程中与外部单位、地面工程、生产管理等部门的协作沟通不畅，以及设计不完善影响生产等问题。如：油藏工程方案、采油工艺方案、

钻井方案需要和地面工程方案进行综合，有方案之间不匹配的现象；区块一级的产能建设方案，技术人员需要和外部单位协调；单井方案需要内部多个专业配合，存在沟通不畅、双方理解不到位的问题；产能建设施工和投产过程中，生产技术、生产管理、管理区、计划部门之间信息沟通不是很及时；有些方案调整较多，频繁修改。

对企业的影响：一是方案的调整会直接影响施工，增加成本；二是单井措施的设计和小的改造设计不及时会直接影响管理区的生产；三是没有方案的施工存在安全隐患；四是油藏工程、钻采工程和地面工程的衔接有问题时，会来回反复，对成本影响大；五是方案、建设和生产环节之间的信息沟通不及时会影响生产效率。

③在产能建设管理方面，经营管理部门与管理区之间，以及经营管理部门之间存在责任和权力没有完全划分清楚的问题和审批流程的效率不高的问题。如：公司机关的经营部门在预算或计划发生变化的情况下，缺乏确定的措施以保证管理区能够确实执行调整后的预算；公司机关不同部门之间的责任划分不清楚，比如定额的职能就涉及两个部门——经营部和规划部；经营部门的审批流程较长，效率不高。

对企业的影响：一是在某些环节会出现管理责任重叠，而在另一些环节预算责任空缺的现象，影响经营管控的效果；二是会出现没有适当的权力，或者没有尽到应尽的责任的现象，影响流程的效率和管控的力度；三是职责不清会影响管理的效率和管控的力度；四是审批流程不顺会影响工作的效率。

④在地面工程管理方面，主要存在基建中心与其他部门及管理区之间的职责划分不清楚、零星调整项目的管理制度不健全的问题。如：规划部的地面工程方案与工程实施存在一定程度的脱节；对于什么条件下需要做地面工程方案的规定不明确；基建中

心根据情况做地面工程调整，有时缺乏方案作为依据，给工程施工带来潜在风险；管理区和基建中心在基建项目方面的职责划分不明确，在基建方面的投资项目和成本项目划分不明确。

对企业的影响：一是方案和实施衔接不到位，会直接影响施工，增加成本；二是单井的地面配套跟不上会直接影响管理区的生产，并带来潜在的施工风险；三是管理区对哪些地面施工应该有方案，哪些不需要有，比较困惑；四是有些施工没有方案就进行，安全隐患大。

2. 操作层面业务三化建设潜力分析

基层单位办公计算机配置较低，运行效率慢，图形工作站性能老化。由于每年更新的计算机有限，部分计算机已经超过报废年限，正常使用过程中运行速度慢，油田地面信息系统、ERP系统、桌面安全系统等无法使用，故障率高导致维护时间长难度大。图形工作站作为油田研究所的科研设备，负责油藏评价研究、图形绘制等，对机器的性能要求较高，一般5年左右就面临更新淘汰，部分地质研究人员还需要分配一台电脑及一台图形工作站，也造成巨大的办公成本。图形工作站主机较大，且多为塔式机箱，放置在办公室也会影响工作环境。

同时在施工作业管理系统中，基层单位向业务部门申请施工作业，生产科根据施工内容指派施工人员，施工人员再向安全科出示施工单办理进站许可证。在施工人员进入生产站库时，门卫对施工人员进行检查，有许可证即可进站施工，没有许可证让施工人员去安全科办理后方可入内。整个流程基层单位也无法掌握进站施工人员是否有相关施工资质，流程存在管理漏洞，业务部门为了省事，仍然使用老的管理流程。

0.4.2 信息化建设改进潜力分析

1. 各系统集成上存在差距

信息系统的标准化为公司带来了以下益处：有助于实现企业信息的标准化；使企业内部的信息交流变得简单；减少所需集成的系统数量；使员工在统一的信息技术环境下工作；减少采购和维护成本。要及时替换功能重复的已有系统，尽快形成以 ERP 为核心的统一的信息系统平台。只有系统单轨运行才是系统应用生命周期的开始，只有单轨了，系统用起来了，才能真正实现财务、采购、销售、设备、项目管理等业务的系统集成，才能真正发挥系统对业务的支持作用，才能使广大业务人员从繁重的系统操作中解脱出来，从而最终真正提高管理水平。

2. 生产数据管理上存在差距

通过油气水井生产数据的信息化管理，实现了井、站、库生产信息一体化管理，成为从采油队到公司各级生产管理人员的日常工作平台，油气生产数据发布及时、准确，提高了油气水井运行管理水平。而系统与井口自动化设备的集成应用，实现了数据现场采集和远程传输、巡井和设备运行的自动控制，简化、优化了业务流程，可以提高生产效率。但与国外石油公司相比还有许多不足之处，对信息系统而言，“进来是垃圾，出去仍然是垃圾”“假数据真分析”比没有数据造成的危害更大。数据库中数据的不一致、不准确、相互孤立等问题也大大影响了数据资源的开发利用，降低了信息系统的信用。

3. 现场生产运行管理上存在差距

国外石油公司通过互联网实现了跨地域生产现场管理，例如总部在美国休斯敦的 POGO 公司，平台上的钻井工程师与总部的钻井专家、地质师、地球物理师、油藏工程师如同在一个“虚拟办公室”中协同工作，效率大大提高，成本大幅度降低，取得了显著效益。虽然华北油田公司在这方面作了一些尝试，例如生产调度指挥系统，但是各部门之间的协作水平还有待加强，地处偏远的生产单位还无法实现自动化信息管理。

4. 信息新技术应用存在差距

信息技术发展迅速，不断引领信息化发展新潮流。公司作为国有石油企业，信息化要注重先进、成熟、配套，既要立足当前，又要考虑长远，契合发展大势，服务发展大局。加强信息技术的研发工作，不是整体来做研发，要选准几个突破口，有计划、有步骤的分批实施，把关键的核心技术，事关安全的技术掌握在自己手里。面对日新月异的新技术、新产品，一方面，公司由于新技术应用不及时导致动态差距，无法保持信息化发展的先进性；另一方面，不能有效客观评估新技术、新产品给企业发展带来的机遇和风险，使新技术的引入及对公司的适用性方面存在差距。

5. 信息化与业务不能有效结合

信息化是为业务服务的，要突出业务主导，做好专业结合。只有紧密结合才有凝聚力、才有推动力，才有持久力。业务部门要结合自身业务实际，合理提出对信息系统的需求并及时予以确认；要积极组织业务骨干深入参与项目建设，确保所建信息系统满足业务需求。要结合管理提升和业务变革，主动简化优化业务流程，形成标准化的业务运营模式，为做好系统方案设计奠定基础。信息系统建成后，要真正肩负起推进应用的责任，作为日常工作常抓不懈，实现传统管理与现代管控的有效衔接，持续提升业务管理水平，最大限度地创造业务价值。信息部门要紧密结合业务需求，做好统一规划和顶层设计，加强技术方案的审查把关、项目进度和质量的检查考核，组织好基础性、通用性信息系统建设，推动跨业务领域的标准统一和信息共享。信息部门与业务部门、内部队伍和外部队伍要加强在项目内的紧密合作，共同协商解决项目实施中的重点和难点问题，推进信息化快速健康发展。

0.4.3 信息系统建设改进潜力分析

1. 统建系统数字化建设潜力分析

为了尽快形成以ERP为核心的统一的信息系统平台。油田确定了ERP系统与财务FMIS系统的融合方案，ERP系统上线运行只是完成了整体工作的一个阶段，真正实现了系统单轨运行才进入了系统应用的初始期，信息孤岛现象仍然存在，同时总体应用水平不高，对信息资源开发利用滞后于系统建设，管理层和决策层的应用滞后于运作层，重建设、轻应用的现象比较明显。

2. 自建系统的数字化建设潜力分析

在计算机设备、网络覆盖面上仍存在薄弱环节，随着业务的发展以及机构的调整，网络的覆盖面仍需要完善。过去通过引进先进成熟技术，快速缩小差距、实现信息化跨越式发展，现在随着信息安全要求越来越高，需要加大自主创新力度，队伍能力的提升也为自主创新提供了可能。信息系统平稳运行是公司业务运转的重要保证，也是国家能源安全的重要组成部分。在信息化建设大规模推进的同时，尽管我们采取了多方面的措施，但是许多信息系统仍不可避免地会存在一些漏洞和安全隐患，一些单位的信息系统安全措施和技术防范措施还比较薄弱，遭受攻击破坏的风险依然存在；一些单位防病毒措施还落实不到位，造成计算机病毒局部传播；互联网出口数量多，地域分散，防护能力参差不齐，遭受攻击的风险高；核心业务系统缺乏统一的容灾备份机制，业务的连续性面临较大威胁，抵御灾难性风险的能力还很不足。信息安全已经上升到一些发达国家的安全战略，这些国家积极制定网络安全新战略，大力加强技术研发和网络战略资源储备，全面提升国家关键信息技术基础设施的安全防范能力。当前，我国信息安全战略威胁更加突出，各类网络安全事件不断发生，新的攻击手段不断出现，网络安全防范难度进一步加大，安全防范能力亟待提高，关系国计民生的重要信息技术基础设施安全问题日益受到关注。

信息系统集中度不断提高，业务对信息系统的依赖不断加大，信息系统安全建设更为迫切。公司十分重视信息系统的安全工作，研究制订了信息系统安全整体解决方案，建立了信息系统安全保障体系。开展了计算机安全防护子系统建设和重要信息系统定级工作，启动了身份管理与认证项目，在公司范围内建立集中身份管理与统一认证平台，构建企业数字身份信任系统，满足等级保护、内控对用户身份管理与认证的合规要求。同时加强了信息安全制度的建设工作，制定了网络安全防护等 12 个安全标准。在信息技术发展日新月异、信息安全威胁日益加大的形势下，公司各信息系统的安全平稳运行得到了保障，有效防范了影响范围较大的网络与信息安全事件，保障和促进了石油业务的发展。

第1部分

操作层面实现数字化转型

面对如今变化无常的市场环境，油气产业要想成功实现数字化转型，势必需要企业调整现有运营模式，打造以数字化为中心的全新运营模式。操作层面要实现数字化的真正转型，做到“岗位标准化、属地规范化、管理数字化”，需要从初期、远期与长远期进行分析。初期，首先应着力实现物联网技术在油田中的有效融合，引入平台思维，通过搭建统一开放物联网平台，实现油田区域勘探、钻井、采油、炼化、运输与仓储全年产业链设备的统一接入与管控，实现数据无壁垒采集；远期，通过物联网平台对低端设备的接入实现与数据的汇聚，形成大数据资源；长远期，人工智能将是数字化在油气领域的高级应用。

但目前油气田方面仍然在以下方面存在问题：物联网方面，物联网已建好但接入不完整且需要完善，数据采集不规范录入异常且传输有误，组态图与实际不符有偏差、数据点位有误且远程控制逻辑不清，生产监控缺少规范及指导性文件且视频平台功能单一须整合，管道视频系统维修率低、视频存储周期短；管理数字化方面，处理流程存在不合理导致数据前后不一致、物料管理流程仍需完善、危害因素管理应更合理、工作量化考核模块无法满足作业区实际考核情况、工单需要新增的功能、数据采集应因需进行、工作模块中加入需要模块且给各级管理员增加相应权限、平台功能应更完善和人性化等。

1　操作层面的“数字化”

1.1　什么是操作层面的“数字化”?

操作层面的“数字化”，需要依赖技术进步和管理提升，将操作业务从岗位、属地、管理三个方面进行量化。主要实现形式是：“岗位标准化、属地规范化、管理数字化”，也称之为操作层面的“三化”。

岗位标准化：持续推进基层开发生产管理与“操作现场、施工现场”操作岗位的“干什么、怎么干、干的质量和标准”的工作标准体系建设完善与实效运行，结合生产工艺与配套系统实际、中心站及有人站无人站等动态优化与建设完善、岗位配置与职责赋予、工作界面划分与专业协同等要素，对运行监控、巡回检查、操作维护、分析处理、属地监督、风险管控及应急处置等事项进行规范，抓好抓实工作质量标准，QHSE 站队标准化管理手册、班组管理手册与班组员工操作手册等建设完善，配套标准化培训课件的配置与岗位责任制建设落地。

属地规范化：以各类型气（油）井、站场、管道及配套设施为对象，以“管什么、怎么管，管的质量和标准”为主线，全面构建“一层（井）一策”“一站一案”“一线一案”的管理规范以及生产现场形象规范手册和施工作业现场标准化图册、施工作业现场检查手册与监督工作质量标准等，为生产、作业“两个现场”的受控奠定基础。同时系统梳理集成生产管理、QHSE 管理、合规性管理、完整性管理、三基工作、承包商管理等，形成可视化成果。

管理数字化：要依托物联网建设完善、作业区数字化管理平台建设与推广运用，借助“云网端”手段，将“岗位标准化、属地规范化”相关要素数字化，实现基层管理制度流程重塑、工作全过程自动“写实”“远程支持协作”及“大数据”挖掘应用，推动基层管理由传统模式向“数字化”转型。

1.2 操作层面“三化”的现状和需求分析

油气田作为全国重要的天然气能源基地，地位重要，作用突出，特别是公司“三步走”发展目标，使得公司迎来难得的发展机遇。在历史性发展机遇面前，公司也面临着天然气市场需求急迫、投资工作量巨大、增储上产见效周期长、“保供”任务红线压力大之间的矛盾持续向紧、高质量发展与安全环保管理并重、专业发展能力与产能建设战略目标不匹配、核心专业人员紧张与严控用工规模政策相冲突等问题，都将为公司发展带来极大挑战。现在油气田已加快数字化转型步伐，基本建成“共享中国石油”的模式。接下来的发展还需提升信息技术核心能力和服务水平，进一步深化人工智能、大数据、物联网等新一代信息技术在油气全产业链的应用，全面推进数字化转型和智能化发展，推动油气勘探开发、炼油化工、油气销售、工程服务等全产业链及生产经营等智能化建设迈上新台阶，努力提高油气及服务业务的数字化、可视化、自动化、智能化水平，促进组织架构变革、商业模式创新、流程优化和降本增效。

1.2.1 现状

为践行“共享中国石油”信息化发展战略，通过数据、信息、知识、资源、服务等充分共享，创新形成以共享中心为主要特征的生产经营组织模式。勘探与生产公司提出了以“两统一、一通用”为核心、以集成共享为目标的梦想云建设蓝图，以统一数据湖、统一云平台支撑勘探业务、开发业务、生产运行、协同研究、生产经营与安全环保六大通用业务应用一体化运营。实现上游业务数据互联、技术互通、研究协同，推动上游业务全面进入“厚平台、薄应用”的信息化建设新时代，为上游业务高质量发展提供有效支撑。同时要积极适应数字化发展趋势，做好总体设计和分层分步实施，加快推动数字化转型，助力高质量发展。要转变发展理念，充分认识数字化转型的重要性和紧迫性，结合企业实际，把推进数字化转型的基础、优势和不足摸清楚，处理好信息化、数字化、治理体系和治理能力之间的关系。要大力推进新一代信息技术与石油产业深度融合，加快企业数字化转型、智能化发展，推动集团公司发展质量变革、效率变革、动力变革。按照“一个整体、两个层次”，坚持“六统一”原则，加快信息技术与油气主业紧密融合，“十三五”末基本建成“共享中国石油”，“十四五”持续提升信息技术核心能力和服务水平，全面推进智能化建设。

1. 开发新模式

油气田两化融合和数字化气田的建设始于 20 世纪 90 年代，通过近 30 年的持续发展不断地开展信息化建设工作，以“两化融合”推进数据、技术、业务流程、组织结构的互动创新和持续优化，助推企业转型升级，打造“两化融合”示范企业，油气生产物联网覆盖率达 95％以上，公司各领域、各层级开启了“自动化生产、数字化办公”新模式。

（1）四个阶段

油气田的发展主要经历了探索起步、单项应用、集中建设、集成应用四个阶段，目前正由集中建设向集成应用迈进。第一阶段在探索起步时，地区公司的数字化建设以数字报表使用为主；第二阶段在单项应用时，地区公司开展专项业务系统建设；第三阶段在集中建设时，建立单项数据库，集团公司集中建设、统一部署，完成油气公司级的数据库；第四阶段在集成应用时，油气田数字化建设向集成应用、全面实施、协同共享跨域。

（2）取得了 3 个领域基础设施

建成以物联网为基础的“云网端”基础设施系统，建成地区最大的区域数据中心和云计算软件平台、稳定可靠的光通信网络和全覆盖的物联网系统，场站数字化覆盖生产现场，全面实现生产自动化、流程可视化，支撑了生产组织方式优化。

（3）4 类油气生产数据

数据集成管理系统，以 SOA 技术基础平台集成勘探开发成果数据、生产实时数据、地理信息数据，实现了数据整合与自动交换、服务发布与系统集成、流程配置与运行控制。

（4）区域数字化气田

新老区数字化气田建设示范，在各区域及作业区开展油气生产物联网完善工程和作业区数字化管理平台建设及推广，截至目前，在 7 大区域建成了数字化气田，建立起了信息化条件下的生产组织新模式。

（5）8 大业务领域专业应用

依托总部统建系统和油气田自建系统，形成了对勘探、开发、工程、生产运行、管道、设备管理、科研协同、经营管理等 8 大业务领域的应用支撑，逐步开启了油气田自动化生产、数字化办公新模式。

（6）三条经验

积累了大力开展“两化融合”体系贯标，找到了“互联网+油气开采”的“两化融合”路径，转变了传统的生产管理模式，打造了信息化条件下推动公司高质量发展的八种新型能力，获得国家工信部两化融合管理认证。

两个“三化”管理迈上新台阶，全面推行“岗位标准化”，为消减“人”的不安全行为奠定基础：

完成了全部工种岗位“工作清单 +工作质量标准”管理；

完成了岗位两书一卡与 VCR、VR、AR 培训课件等配套；

解决了“干什么、怎么干”的问题，避免了“工作走样”；

全面推行“属地规范化”，为管控“两个现场”奠定了基础：

建立了所有生产现场管控标准和形象规范；

建立了施工作业现场“标准化图册、检查手册与工作质量标准”；

解决了“管什么、怎么管”的问题，避免了“管理走样”；

在全部作业区上线了数字化管理平台，推动了“工作质量标准、管理规范要求”的落地，全面推行“管理数字化”，初步实现了操作过程管控的三个重大转变：将传统的操作过程靠“自律”转变为以信息技术实现实时监控与步步确认，将传统的“单兵作战”转变为以就地可视化示范和后方远程支持向员工提供实时帮助，将传统“事前安排、事后考核”转变为系统自动分发工单任务、自动记录评判操作行为、技术进步与管理变革双轮驱动（掌握了数字化气田设计和建设技术，工业物联网系统、数字化气田和智能气田示范工程驱动管理变革，推动开发生产转型升级向纵深发展）；

总结了三条适应油气田公司发展的经验，到 2020 年已全面建成了数字化气田，大力开展“两化融合”体系贯标、“两个三化”管理迈上新台阶、技术进步与管理变革——双轮驱动。

2.“三步走”战略

油气田提出要结合以气为主的业务特点，围绕稳健发展与加快发展，全面贯彻绿色发展理念，建立低碳清洁能源体系，保障国家能源战略安全，优化公司业务结构，巩固发展一体化优势，加快天然气业务发展，不断增强公司的竞争力、影响力和保障能力：

①全面建成几百亿战略大气区。

②建成国内最大的现代化天然气工业基地。天然气产量规模国内最大；经营业绩国内一流；核心技术和自主创新能力国内领先。

③到 21 世纪中叶油气当量保持千万吨以上，并稳产 20 年。规模实力、核心竞争力和创新创效能力保持国内领先、达到国际一流，成为拥有充分话语权和影响力的天然气领军企业、引领国内天然气技术发展的标杆企业、体现中国特色的现代企业制度优越性的代表企业。

围绕“三步走”战略，油气田要坚持稳健发展、稳中求进，深入实施“四大战略”，全力推进“五大工程”，充分发挥上中下游一体化优势；要持续完善体制机制，强化顶层设计，坚持问题导向，推动发展方式、经营机制、管理模式的转变提升；要大力推进科技创新，强化开放共享和联合攻关，狠抓重大专项和现场试验，努力突破一批关键核心技术、推广一批先进成熟技术、研发一批前沿储备技术；要持续推进管理创新，大力实施“两化融合”，深入开展开源节流、降本增效，不断推动公司发展转型升级、提质提效。

3. “油公司”模式改革

为了推动油气田公司（以下简称“公司”）高质量稳健发展，持续提升公司核心竞争力，实现“三步走”战略目标，油气田公司制定了“油公司”模式改革实施方案。

按“职能定位明晰化、组织机构扁平化、甲方主导高效化、要素保障市场化”的基本思路，以打破“大而全、小而全”业务结构、大力提升增储增产增效能力为目标，以业务归核化发展为主导，以组织结构扁平化为支撑，以数字化建设为手段，突出主营业务，精简组织机构，压缩管理层级，优化资源配置，配套管理机制，强化激励约束，稳步推进“油公司”体制机制改革各项工作任务有效落实，为实现高质量稳健发展提供有力支撑。

“油公司”改革实施方案工作目标是建成“主营业务突出、辅助业务高效、生产绿色智能、资源高度共享、管理架构扁平、劳动用工精干、市场机制完善、经营机制灵活、制度流程顺畅、质量效益提升”的油气田特色“油公司”。

①“油公司”业务归核化发展方向明确。主营业务做强做优，辅助业务做精做专，低端低效业务关停并转取得有效突破，业务布局更加清晰、业务结构更趋合理，基本构建符合“油公司”特点的上中下游一体化业务运行体系，公司整体盈利能力和核心竞争力显著增强（图 1—2—1）。

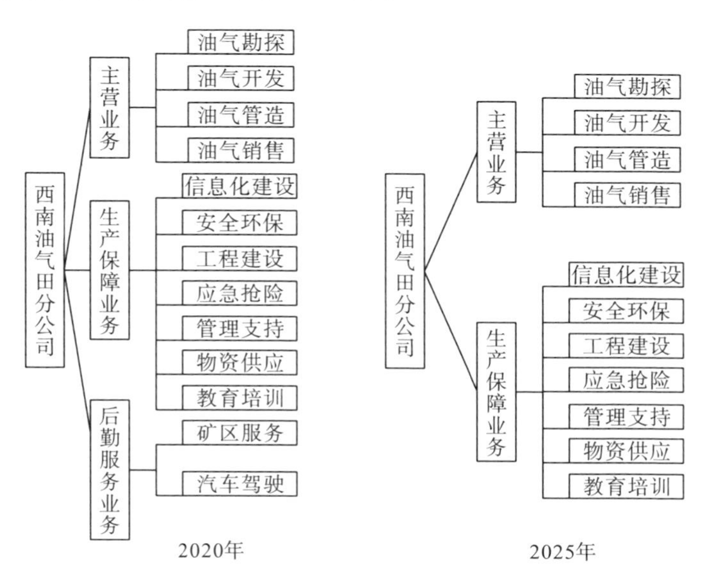

图 1—2—1　油气田公司业务结构布局图

②“油公司”组织架构扁平化初步成型。完善“公司—油（气）矿—采输气作业区”的组织架构，新区新建产能试点“油气田企业—采油（气）作业区”新型管理模式。按照优化协调高

效和职能综合化的“大部制”方向，调整优化二级单位机关机构设置；在产能建设上，实行“公司+事业部”的两级管理模式；油气生产实施“中心站+无人值守井站”的组织模式；天然气净化、终端燃气等业务管理层级进一步压减，组织架构更为扁平、高效。

③“油公司”市场化用工模式基本建立。通过市场化机制在主营业务领域探索“管理+专业技术+核心技能岗位”或“管理+专业技术岗位”直接用工，其他操作服务岗位和非主营业务领域推行第三方用工或业务外包的“油公司”用工模式基本建立，与人力资源战略合作伙伴合作机制运转顺畅，人力资源保障问题得到有效解决。

④“油公司”数字化油气田总体建成。以油气生产物联网建设应用实现在役生产场站数字化覆盖，确保现场安全受控；以勘探、开发、管道、生产等专业信息化平台建成投用实现应用集成和数据共享，提升主营业务管理效率。通过全面完成“油公司”模式下数字化油气田建设，实现公司生产运行“岗位标准化、属地规范化、管理数字化”和“自动化生产、数字化办公、智能化管理”的两个“三化”管理。

⑤“油公司”激励约束机制健全完善。全面建立以岗位价值为基础，以业绩考核为重点的薪酬激励约束机制，形成“薪酬能升能降”的动态管理机制；推行单位和领导人员岗位管理“去行政化”，破除行政级别和身份限制，按照权责对等原则建立激励约束机制，激发员工活力，增强企业创新创效能力；配套完善精准激励政策，靶向瞄准核心骨干员工实施有效激励；加大对解决生产经营中的重点难点和短板瓶颈问题并为公司做出突出业绩的特别贡献奖励力度，有效发挥重点激励作用。

建成国内一流、国际接轨的油气田上中下游一体化特色“油公司”模式，全员劳动生产率、人工成本利润率、吨油当量完全成本等关键指标在油气田企业排名前列，改革成果不断呈现，员工队伍结构更为优化，资源配置市场化程度更高，公司综合实力和市场竞争力显著增强。

4. 匹配战略落地，全面推行“两化融合”的发展需求

实践证明天然气产业一体化发展模式，是适应当地天然气产业发展特征与发展环境的一种独特的经济发展战略与管理模式。这一模式通过勘探开发技术创新，统筹常规与非常规资源，提升资源供应能力；通过输送储存技术创新，建立高效快捷的储运枢纽，提升运行保障能力；通过市场销售技术创新，优化市场配置，实现资源最优化利用。上中下游全产业链的技术创新，为天然气产业整体效益最大化提供有力的技术支撑。这一模式通过规划布局一体化部署、体制机制一体化构建、运行调配一体化实施发挥最大能效；通过责任体系一体化落实、企业文化一体化建立、企地协同一体化推动发挥最大潜力。产业链中两层次、全方位的管理创新，为天然气产业整体效益最大化提供坚实的管理保障。这一模式通过全产业链的信息化、数字化和智能化，统筹技术与管理、决策与优化，充分运用集成化和平台化技术，大幅度提高产业发展速率，为天然气产业整体效益最大化提供高效的信息手段。

一是生产经营创造系列新纪录，规模实力显著增强。二是勘探开发取得系列新成果，增储上产能力显著增强。三是改革创新取得系列新进展，公司内生动能显著增强。通过构建“油公司”模式下的研发体系，创新活力持续提升；全面推行“两化融合”，初步建成智能示范工程，基本建成数字化气田，开发转型升级成效显著；大力推进“三项制度”改革，推行新区扁平化生产经营管理模式，高质量发展机制体制逐步完善；通过试点推行安全生产责任清单建设，全面推广完整性管理，安全环保管控能力不断增强。公司仍面临小微地震频发干扰页岩气勘探开发进

度、钻机结构性矛盾制约勘探开发向深层进军、产运储销体系亟待进一步完善、地方合规手续办理影响储气库建设进度、质量安全环保事件较多、重要方案设计批复相对滞后等诸多困难、问题、挑战。

油气田通过多年的信息化建设，着力加强信息化与勘探开发、工程技术、生产运行、科学研究和经营管理等重点业务的深度融合，全力推进数字气田建设，在“云、网、端”基础设施配套、数据资源共享服务、专业系统深化应用、多业务一体化集成等方面取得了长足进展，信息化建设逐渐由单一系统建设、单一部门使用、覆盖单一业务，逐步向业务流程优化、系统平台化、信息共享化、应用集成化、专业一体化方向发展，有力地保障了主营业务高效稳健发展。

围绕油气田的发展战略，消除信息孤岛、拆除协同藩篱，催生公司体制机制演化、促进传统生产组织与营运方式的变革、注入公司可持续发展新动力、形成油气田勘探开发生产经营业务管理“自动化、一体化、协同化、智能化”的新形态，逐步迈向智能化气田，是油气田两化融合发展的重点任务。

对“两化融合”进程中存在的不适用问题，需要从管理上依托“两化融合”进行调整。“两化融合”是对组织多角度的综合描述，反映了“组织结构+业务流程+信息技术”的总体设计和安排，是连接企业战略、融合先进技术趋势，指导业务优化和信息化方案设计的重要手段，使信息化建设从“局部规划和设计”向“全局规划和顶层设计”转变，最终走向可持续发展的轨道，两化深度融合是企业高质量创新发展的最佳实践。

1.2.2 需求分析

1. 岗位标准化需求

全面加强员工培训，提升员工队伍整体素质。一是围绕气矿高质量发展主题，结合生产经营实际，科学制定年度培训计划，按照气矿年度重点工作的安排，在勘探、开发、管道、信息化等业务范围内，突出年度培训主题，适当倾斜培训资源，形成模块化和进阶式培训，提升培训品质和效果。二是结合气矿“五定”工作相关要求和岗位说明书，以任职条件为基础、以岗位职责为方向，建立员工岗位能力标准，并对其进行岗位能力评估，针对评估弱项，开展强化性培训。三是加强一线员工培训，提高一线员工思想政治素质、岗位技能水平和 QHSE 管理能力，着力抓好班组长培训工作，同时持续创新传统课堂培训，完善师带徒、岗位练兵、信息化等多元化培训形式，重点在一线员工培训教材体系和打造专兼职培训师队伍上发力，切实提升一线员工的整体素质。

通过第三方用工，满足人力资源需求。通过公司人力资源战略合作伙伴招聘具备任职条件的管理和专业技术人员，弥补快速发展进程中人力资源的不足，满足气矿当前人力资源需求。

2. 属地规范化需求

属地规范化的业务需求主要分为生产现场和施工现场的业务需求。

针对生产现场，需要在新建站场采用一体化集成装置标准化建设，同时分步开展对重要生产场站的标准化改造，形成统一的标准化场站模式；完善生产现场自动化功能，实现生产数据实时采集、工艺流程远传可视、关键流程自动连锁、生产区域自动布防；以生产现场形象规范手册为基础，规范属地人员行为、站场工艺流程目视化、标识标牌及站场内务等，展现石油企业新时代新形象；建立标准化基础台账模板，规范基础台账内容；利用作业区数字化管理平台及手持终端，规范日常巡检内容、巡检标准，形成日常巡检标准化模式。

针对施工作业现场，需要以施工作业现场标准化图册和施工作业现场检查手册与监督工作质量标准为基础，规范施工作业现场人员行为、规范施工作业现场目视化、规范施工作业现场检查监督质量。持续强化施工作业属地管理培训，强化施工作业过程监管，利用作业区数字化管理平台及手持终端对施工作业流程信息化和对作业全过程可视化进行远程监控。

3. 管理数字化需求

管理数字化方面的业务需求主要是借助SCADA系统、作业区数字化管理平台及手持终端的深化应用，规范一线站场工作内容、工作标准，形成工作的标准化模式。利用物联网配套工程，完善站场工艺参数、自控逻辑控制关系、化学品安全技术说明书等可视化工艺安全信息，实现设备设施全寿命周期管理；借助“云+网+端”手段，将日常生产管理中的“岗位标准”“属地规范”等相关要素数字化，使气田生产管理制度流程得到重塑，推动生产管理由传统模式向“数字化”全面转型。

4. 操作层面业务需求汇总

按照生产现场“三化”管理要求，结合气矿已开展的工作，在员工日常生产操作管理标准化、员工能力提升、场站功能完善、隐患消除、管理能效提升等方面仍有以下工作需求（表1-2-1）。

表1-2-1 操作层面“三化”需求

序号	类别	项目需求	具体需求内容
1	岗位标准化	井站工作质量标准优化	根据生产现场实际情况及管理要求，持续优化修订工作质量标准、基层站队QHSE标准化管理手册、岗位工作手册
2		生产调度一体化管理	将作业区受控室和生产调度室进行有机整合，界定岗位职责、工作界面，对运行监控、分析处理、属地监督、风险管控及应急处置等事项进行规范
3		培训系统和VR模拟软件	分岗位梳理培训需求，建立培训考核题库，针对站场日常巡检、设备维护保养、设备故障判断和处理、应急处置演练等日常工作制作培训视频和VR模拟软件
4		管理制度完善	针对信息化条件下的现场管理要求，制定适宜的现场生产操作管理制度
5	属地规范化	站场标准化建设	开展新建站场的标准化建设和已有站场的标准化改造工作，新部署开发井一体化集成装置建设
6		生产现场信息化功能完善	对生产现场信息化功能进行完善，实现全部数据自动采集、生产现场无死角视频和气体泄漏监控；同时对放空区内设置可燃气体监测装置和视频监控、防闯入等安防设施
7		放空系统自控设施完善	站场实现自动放空和自动点火功能
8		排污系统自控设施完善	分离器、污水罐加装液位远传，分离器实现自动排污及低限自动截断功能
9		回注系统信息化建设	回注站实现自动启停、清洗泵，污水池、罐液位远传并连锁，回注泵状态实时监控，气田水管道实时监控

续表 1-2-1

序号	类别	项目需求	具体需求内容
10	属地规范化	药剂加注系统自动化功能完善	对站场药剂加注装置进行自动启停改造，液位连锁，对泵的运行状态实时监控
11		水套炉安全连锁功能完善	对气矿在用水套炉无连锁保护的加装连锁保护装置
12		站场腐蚀监测系统维护及升级改造	对站场腐蚀检查探针及挂片进行定期录取及分析，并对探针进行升级改造，实现数据远传
13		压缩机组一键加载	通过优化压缩机组启动流程，实现压缩机组一键启动加载和一键卸载停机
14		管道阴极保护升级改造及设施完善	实现阴保机数据远传，所有安装阴极保护桩的管线阴极保护电位远程监控
15		“双高”管道视频监控	实现对高风险高后果区域，在具备条件的情况下建立技防和人防相结合的立体监控体系，实现连续监控
16		井站供配电优化调整	优化简化无人值守井站供配电系统，降低触电安全风险，缩减检修工作量。优化井站高耗低效电机及变压器。优化井站高耗低效电机
17		防雷防静电设施安全改造	对生产场所在易腐蚀区域内的场站避雷针、接地系统、接地极、接地引下线、电气 SPD、断接卡进行维护和改造，保证自动化设备的安全运行
18		施工现场管控功能完善	施工现场标准化管理，实时监控，施工作业流程信息化

续表 1—2—1

序号	类别	项目需求	具体需求内容
19	管理数字化	作业区数字化管理平台和设备综合管理平台深化应用	1. 提出具体应用需求（实现所有生产管理报表和调度日志等资料的电子化；月报、年报数据直接从 SCADA、物联网系统读取；调度日志实现数字化记录；填报和审核人员实现电子签名等），助推平台 2.0 升级建设。 2. 做好平台推广应用准备，确保平台全功能模块在作业区和所有生产场站的深化应用
20		安全隐患信息化管理	对各级发现的生产现场所有安全隐患汇总纳入作业区数字化管理平台，实现实时查询、跟踪、监控隐患整改情况等系统化管理
21		光纤网络全覆盖	1. 光通信升级改造及智能环网、租用地方网络。 2. 实现作业区到气矿、气矿到公司智能环网保护。 3. 实现气矿所有生产场站满足自动化生产通信传输需要
22		管理制度完善	针对信息化条件下的现场管理要求，制定适宜的现场生产操作管理制度

1.3 操作层面“三化”工作部署与实施策略

1.3.1 工作部署

依托油气物联网系统完善、作业区数字化管理平台建设与推广运用，搭建完整形态的作业区中心井站信息化建设，实现电子巡检、远程控制、自动报警、视频监控等；完善生产场站信息化建设，提高信息化覆盖率，同时实现有人值守站场人员撤离，实现扁平化管理，降本增效。在物联网完善的基础上，全面实现将一线站场分散、多级的传统生产组织模式向“中心站管理+单井无人值守+远程控制”转变。

依托开发生产管理平台建设，持续完善气田“云、网、端”的基础设施配套建设，全面建成数字化气田，实现气田自动化采集、自动化控制、自动化传输的生产方式；做好气矿信息化综合应用平台建设，打造开发生产一体化管理流程和运行机制，实现专业软件集成与应用；探索智能化管理，推动智能化工具集成应用，形成开发生产辅助决策支撑。

1.3.2 实施策略

遵循“整体评价、整体规划、分列资金渠道、滚动分期实施”的工作思路，按照“分轻重缓急”“实施一年，落实三年”和“滚动立项”的原则，通过各种渠道立项逐步解决制约自动化生产、数字化办公、智能化管理和无人值守管理模式推进存在的问题、隐患和短板。

①以油气生产物联网建设完善、作业区数字化管理平台为依托，促进业务流程再优化，基础管理再加强，体制机制再创新，实现一线班组、作业区机关层面关键业务流程全过程数字化管理。通过作业区数字化管理平台不断优化完善配置执行过程要求，操作工单达到定点、定时、定标准的执行，实现一线班组“上标准岗、干标准活”；实现故障隐患上报、分析、派工、整改全过程数字化管理，提高问题处理效率；管理人员通过平台自动统计的数据，定期对任务完成情况进行大数据分析，查找薄弱环节并制定针对性措施，优化工作任务安排，提升应用效果，满足油气矿作业区全面的数字化需求。

②以AR增强现实技术、机器深度学习、大数据分析、设

备/仪表自动识别、人脸识别、机器人巡检等先进技术为载体，实现生产现场智能化管控。

③按专业、流程、时间等多方位进行梳理，通过整合油气田公司的统建信息系统、自建信息系统资源及业务流程的整合打通各个业务系统之间的业务壁垒，从业务角度上实现了应用系统横向整合，通过统一流程中心集成待办，弱化系统之间的隔阂。

④生产实时数据映射（生产网→办公网）准确率达到100%。持续开展组织对油气矿在生产的信息化场站进行实时数据治理工作，确保生产数据在“现场－RCC－DCC－数据平台”4个层级准确一致，为后端应用系统、在线办公提供准确、实时、完整的数据应用基础。

⑤建设移动应用App。以PC端与移动端相结合的方式，实现应用系统移动应用化，强化工作流程，推进数据有效流转、高效共享，为员工提供一个高效的协同办公平台、学习平台、信息获取平台。

⑥以开发生产管理平台建设为依托，建立贯穿开发生管理全过程的综合应用，支撑开发生产管理。

1.4 操作层面“三化”的技术架构

整体依托作业区数字化管理平台建设，不断完善开发基础建章立制工作，规范生产现场与施工作业现场管理，执行统一的工作质量标准，达到管理数字化目标（图1－4－1）。

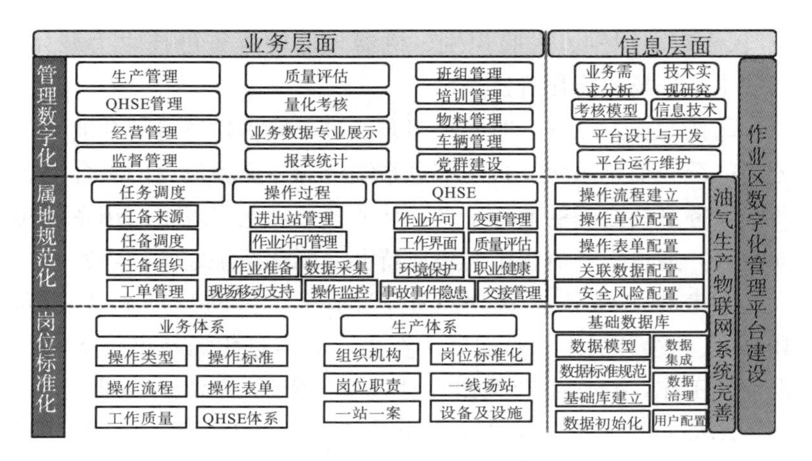

图 1－4－1　操作层面“三化”工作规划方案

1.5　操作层面“三化”的达成效果

通过对信息化发展规划总体目标的深入学习和分析，并结合整个公司的发展规划、生产管理特色、信息化系统现状等，公司各矿区将通过打造“作业区数字化管理效率提升能力”“油气生产设备精细化管理能力”及“管道一体化管控能力”三大新型能力，分步实现 14 类能力指标，逐步提升开发生产领域的数字化管理水平。

依托物联网完善建设、作业区数字化管理平台的建设与推广运用，借助“云网端”手段，将“岗位标准、属地规范”等相关要素“数字化”，推动以“岗位标准化、属地规范化、管理数字化”为目标的作业区信息化建设，实现作业区生产巡回检查、分析处理、维护保养、危害因素辨识等 11 大关键业务流程的信息化重塑，优化作业区生产组织模式，推动作业区工单有效完成率达到 100%，全面提升作业区生产管理效率。

基于场站综合评价，利用物联网技术，以设备精准运维、动态管控为目标，实现设备物联信息自动采集、关键设备远程控制、安防设施全面覆盖，设备动静态信息达到标准化管理水平，推动关键设备基础资料电子化入库率达到90%，促进设备科学健康管理，确保设备在气矿勘探开发生产运行过程中的效能最大化。

利用物联网、移动应用、无人机等信息化手段，以有效防控管道外部风险，保障管道安全运行，不断提升管道巡护工作质量、实现管道完整性管理为目标，通过实现重点阀室数字化、关键设备远程可控、高风险点安防设施全面覆盖，推动管道巡检监督有效率达到85%，管道动静态信息达到标准化管理水平，确保管道在气矿勘探开发生产运行过程中的安全、高效。

操作层面的“三化”工作建设总体效果为：

解决“干什么、怎么干”的问题，避免了“工作走样”；

解决“管什么、怎么管”的问题，避免了“管理走样”；

解决“电子监督、过程管控”的问题，避免了“执行走样”。

操作层面的“三化”工作建设的主体工程是作业区数字化管理平台和物联网完善工程。作业区数字化管理平台将所有基层任务来源纳入统一管理，任务执行更有针对性，按照标准的业务管理流程，建立工作闭环管理模式，实现工作任务自动触发、调度分配、分解指派、审核监督，促使任务高效执行，从而有效支撑作业区基础工作管理（图1—5—1）。

作业区数字化管理平台将基础工作归纳为巡回检查、常规操作、分析处理、维护保养、检查维修、变更管理、属地监督、作业许可管理、危害因素辨识、物资管理这十大业务流程，同时融入了HSE管理，并增加了关键节点安全风险控制，从而实现了生产操作、安全受控和QHSE管理的“三控合一”。平台通过PC端、移动端、手机端设备，实现了一线场站基础工作管理信息化工作“室内与室外”的全覆盖（图1—5—2）。

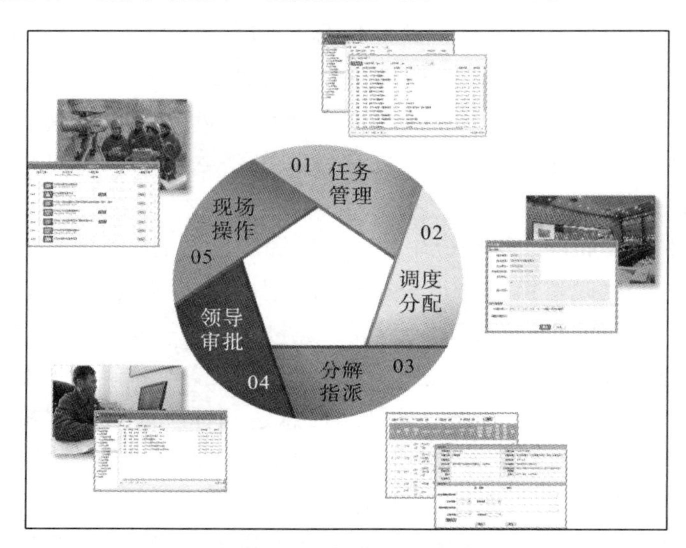

图1—5—1　作业区数字化管理平台基础工作闭环管理

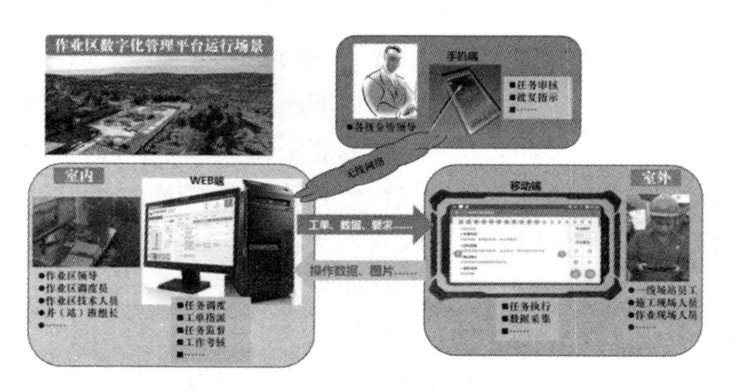

图1—5—2　作业区数字化管理平台运行场景

1. 促进生产组织方式变革

依托“作业区数字化管理平台”，实现了作业区业务与信息化的深度融合，建立了作业区“平台+业务”管理新模式，促成气矿作业区管理从传统管理模式向数字化、信息化管理转型变革。作业区数字化管理平台的运行，有效推动了生产管理由井站独立管理向一体化协同运行、扁平化管理模式转变。通过移动应用，将矿部、作业区、气藏调控中心、中心站、单井等分散在现场的工作动态、生产变化、决策集成到了同一个数字化平台上进行共享，使基层管理人员和一线操作人员从桌面办公中得以解放，井站管控出现新方式。气矿调控中心、中心站员工通过信息化手段，实现对外围无人站点生产情况进行7×24小时不间断实时监控，同时中心井站员工通过移动应用终端实现外围站点的定期巡检、重要设备的周期维护、气井生产动态分析等日常工作任务。

2. 管理成效明显提升

按照“分级分层”的方式，打造了由“调控中心、巡井班（中心井站）、维修班”组成的扁平化管理基本单元。依托数字化管理平台，实现所有投产单井和集气站数据集中监视，形成“三位一体”的贯穿气藏管理始终的监控管理平台。将生产管理融入各个层级，打破单井独立管理的传统开发模式。从而减少管理层级、减少值守人员数量、提高劳动效率，由现场管理向远程管理转变，运行成本和劳动强度明显降低，逐步实现片区“无人值守”。

作业区数字化管理变革了信息采集、传递、控制及反馈方式，使传统的经验管理、人工巡检的被动方式，转变为智能管理、电子巡检的主动方式。将前方分散、多级的管控方式，转变为后方生产指挥中心的集中管控，大大提高了生产效率与管理水平。通过作业区数字化管理，减少了信息传递环节，缩短了现场值守人员和管理人员发现问题、分析问题、处理问题的时间，大大减少生产运行成本。

2 岗位标准化带来规矩引导

2.1 为什么要岗位标准化

岗位标准化实质就是工作标准，是对在执行相应管理标准和技术标准时与工作岗位的职责、岗位人员基本技能、工作内容、要求与方法、检查与考核等有关的重复性事物及活动进行规范。企业开展岗位标准化活动必须系统、全面，也就是说我们进行岗位标准化工作要做好四方面的工作：有标可依、有标必依、执标必严、违标必究。

2.1.1 岗位标准化的意义

岗位作业标准是为确保生产作业过程中的人身安全、设备稳定、工艺安全、工作质量和节能减排而对操作岗位的职工提出的作业行为规范。以规范化、流程化、程序化管理为重点，以科学技术、法律法规、规章制度和实践经验为依据，将每个岗位涉及的工艺技术、安全操作、设备维护点检等作业内容进行系统的优化整合，优化作业方法和管理程序，改善作业过程，改变不良作业习惯，规范作业人员的行为，有效控制危险源、环境因素、能源因素，全面提高操作质量。做到管理有章法、工作有程序、动作有标准，强化职工标准化作业意识，杜绝非标准化作业现象的发生，达到作业科学化、规范化、标准化。

岗位标准化是为贯彻“安全第一、预防为主”的方针，维护企业的利益，保障企业安全生产，确保各岗位职工的人身安全。

2.1.2 什么是岗位标准化

岗位标准化就是生产标准化岗位达标。具体按“生产标准化岗位达标指导标准”执行。生产标准化岗位达标指导标准。

岗位管理制度要求：

①岗位职责规定。

②岗位人员基本要求（思想政治和职业道德、专业知识、身体条件等）。

③岗位安全生产责任制。

④岗位安全操作规程。

⑤岗位主要安全管理制度（如：危险作业审批制度、教育培训制度、持证上岗制度、岗位交接班制度、自觉抵制“三违”承诺制度等）。

⑥其他安全管理制度。

2.2 如何实现岗位标准化?

岗位标准化的基本原则是公平、公开、公正。

岗位标准化落地的基本步骤是：

①定岗定责（岗位需求设计）。

②岗位职责操作流程标准化。

③各岗位职责考核量化（包括各岗位相应考核指标记录、汇总）。

④各岗位细节行为标准化以及相应文档资料标准化。

2.2.1 工作质量标准优化

完善现场工作质量标准，满足现场生产管理要求。根据生产现场实际情况及管理要求，持续优化修订工作质量标准、基层站队 QHSE 标准化管理手册、岗位工作手册。

岗位标准化落地的基本步骤是：

①定岗定责（岗位需求设计）。

②岗位职责操作流程标准化。

③各岗位职责考核量化（包括各岗位相应考核指标记录、汇总）。

④各岗位细节行为标准化以及相应文档资料标准化。

2.2.2 培训系统

全面加强员工培训，提升员工队伍整体素质。一是围绕气矿高质量发展主题，结合生产经营实际，科学制定年度培训计划，按照气矿年度重点工作的安排，在勘探、开发、管道、信息化等业务范围内，突出年度培训主题，适当倾斜培训资源，形成模块化和进阶式培训，提升培训品质和效果。二是结合气矿“五定”工作相关要求和岗位说明书，以任职条件为基础、以岗位职责为方向，建立员工岗位能力标准，并对其进行岗位能力评估，针对评估弱项，开展强化性培训。三是加强一线员工培训，提高一线员工思想政治素质、岗位技能水平和 QHSE 管理能力，着力抓好班组长培训工作，同时持续创新传统课堂培训，完善师带徒、岗位练兵、信息化等多元化培训形式，重点在一线员工培训教材体系和打造专兼职培训师队伍上发力，切实提升一线员工的整体素质。

通过第三方用工，满足人力资源需求。通过公司人力资源战略合作伙伴招聘具备任职条件的管理和专业技术人员，弥补快速发展进程中人力资源的不足，满足气矿当前人力资源需求。

2.2.3 调控中心一体化

结合中心井站、有人和无人值守站的建设完善与动态优化，以实效运行为主线，做好QHSE站队标准化修订完善、持续指导现场生产管理；抓好变动岗位，如电子监控岗等的岗位配置和工作质量标准完善，确保一线班组开发业务工作标准的全建立；以业务体系完善为主线，清理还未进行数字化管理的工作流程，形成操作标准、表单和流程，全面实现数字化管理；以生产体系建设为主线，提前梳理油气矿、作业区层级工作业务类型，形成标准业务表单和工作流程，推动开发生产管理平台的高效运行。为此，在制度建设、业务应用、业务体系完善、生产体系建设等4方面提出具体需求如下：

1. 制度建设方面

①结合区域动态调整、单井无人值守推进，现场“两册一图”需持续修订更新；

②信息化条件下工作模式转变带来的岗位变动需要及时地赋予岗位职责和确定工作质量标准。

2. 业务应用方面

①全面建立涵盖信息化设备操作维护的统一培训课件，并根据重要程度利用VR等先进技术制作；

②根据一线操作员工的实际需要，建设满足信息化系统、自控设备实际操作的培训场地。

3. 业务体系完善方面

标准化作业流程全面涵盖一线班组的所有工作。

4. 生产体系建设方面

标准化工作流程全面覆盖油气矿、作业区各级岗位。

2.2.4 完善管理制度

针对信息化条件下的现场管理要求，梳理完善适宜的现场生产操作管理制度。做到“一站一案、一矿一策”。

1. 进一步完善“三化”工作管理制度

结合“三化”工作开展的实际情况，及时建立与组织结构变化相适应的管理制度，并加以落实。

随着各项业务流程的优化，及时建立与新流程相匹配的流程制度，并根据实际需要，出台相关业务流程管理办法或操作手册。

针对“三化”工作推进产生的岗位变化，及时调整岗位职责，建立相应规范。

2. 进一步完善“三化”项目匹配标准与规范

加强学习国家相关政策、制度，参照行业标准，引入先进经验，进一步完善“三化”建设项目相关的匹配标准及规范。

3. 激励约束（量化考核）制度

及时建立和信息化工作紧密结合的激励约束机制，并以制度形式固定，有效形成针对“三化”工作的开展情况的奖惩制度。

建立精准激励制度，通过绩效考核、鼓励参加专业培训、举办劳动竞赛等形式，对工作成绩突出的员工实施正面激励，提高员工的工作积极性。

建立适当的约束制度，通过绩效考核、单位工作评比等方式，对工作成绩不佳的员工实施负面激励，督促员工做出正向努力，提高工作质量。

2.3 岗位标准化的成效

岗位标准化的目标就是要解决“干什么、怎么干”的问题，避免“工作走样”。

2.3.1 提高效率降低风险

油气田作业区数字化管理平台，应当覆盖作业区核心业务，全面满足作业区基础工作管理应用功能，建设面向作业区基础工作管理为核心的工作管理流程，强化操作（作业）过程指导，提升风险管控能力，将数据采集融入工作过程，强化 QHSE 管理功能。通过作业区基础工作和业务管理的规范化操作、数字化管理和量化考核，提升作业区数字化管理水平。

①加强基础工作相关数据集成共享，支持作业区业务管理、开发生产管理、生产运行管理、生产安全受控管理、设备管理等专业管理的需求。

②优化作业区基础工作各项管理流程，强化基础工作任务源头统筹管理、任务调度规范化、生产组织高效协同、工作过程标准指导、任务执行全面跟踪、工作结果量化考核。

③优化工作质量标准体系化管理，优化“一站一案”标准化配置。

④优化移动应用，加强对生产现场基础工作的支持，包括工作任务浏览、工作过程标准查看、工作过程管理数据查询及数据填报。

⑤完善与作业区数字化管理相关的自建系统的集成，实现功能复用、数据共享。

⑥实现作业区 QHSE 管理的规范化、数字化，有效推动作业区 QHSE 工作质量的改善和提升，有效支撑公司 QHSE 标准化站队建设。

2.3.2 规范操作杜绝违章

安全是企业保持稳定发展的基础，从业人员应首先在思想上深刻认识，结合各种反对违章的专项活动，从中找出不足之处，积极进行整改。狠抓安全生产的危险点和安全管理的薄弱点，做到“从我做起，决不违章”。

①以标准化程序规范员工的操作行为。标准化程序是杜绝违

章的重要手段，是落实岗位安全生产责任制和各项规章制度的具体表现。实施标准化程序作业的目的是实现单位安全生产，保证质量，提高效率，规范职工的操作行为，最终达到杜绝由违章作业而导致的各类事故。

②加强岗位技术培训。必须把员工岗位技能培训当成一件大事来抓，有计划地、经常性地举办员工岗位技能培训，以提高员工的安全技术、操作水平和事故状态下的应变处理能力，杜绝各类违章操作事故的发生。要正视、反思当前员工培训、复训、考核中存在的质量问题，全面提高培训质量，提升员工技能水平，为安全提供有力的保障。

③规范作业区工作质量标准、操作规范、管理规范、操作卡等的制定和修改，要以业务单元划分为主线、以生产单元和操作类型为基本单元，建立形成集操作流程规范、操作要点提示、关联信息支持、安全风险提示、操作记录及数据录取于一体的基础工作标准化、体系化管理模型。

④通过移动终端来支持现场操作过程，查看操作规范、操作要点、风险提示、关联数据，填报相关数据。

2.3.3 明确岗位职责实现岗位操作规范化

完善岗位职责和操作标准，使精益化管理的理念渗透到每一个环节缝隙中，形成科学、规范、顺畅的管理流程，使参与管理的工作人员能够按照科学、规范的工作流程进行标准化操作，进而根据标准的工作要求进行严格管理，在每一个细节上建立“精益优势”，把影响生产和效益的种种因素消灭在萌芽状态，并最大限度地挖掘降损潜力，提高油气田公司的经济效益，促进企业的良性循环和健康发展。

1. 基础工作管理用户群

基础工作管理用户群是以制定和修改作业区工作质量标准、

操作规范、管理规范、操作卡等为主要工作内容的群体。主要包括开发管理部门、油气矿开发科、作业区生产办三类用户。

该用户群主要在以下方面实现规范化：

①操作单元维护、查询；

②工作质量标准维护、浏览；

③作业区实体数据维护；

④场站执行标准配置。

2. 任务调度组织用户群

任务调度组织用户群是以管理生产计划、生产指令、工作计划、研究分析成果、生产异常等任务来源来进行任务调度、任务分解、任务指派的群体。主要包括作业区调度岗、专业技术岗、班站长三类用户。

作业区基础工作相关的任务管理是以不同的任务来源为线索，按照不同的管理流程进行任务规范化调度和高效率组织。

该用户群主要在以下方面实现规范化：

①生产计划、生产指令、工作计划、研究分析成果、生产异常等五种任务来源的维护、查询；

②根据不同类型的任务来源，由作业区调度将任务分配到不同的专业技术岗；

③处置建议维护与任务分解；

④工作任务指派，即工作任务由专业技术岗指派到相应的作业办站，再由班站长将工作任务指派给井站操作人员。

3. 一线井站操作用户群

一线井站操作用户群是按照上级指派的工作任务，按照操作规范要求进行操作（作业）前准备、操作（作业）申请、现场操作（在现场操作执行过程中遵循工作质量标准、操作规范、管理规范、操作卡等要求）、资料录取工作的群体。主要包括工艺维修站作业人员、井站操作人员两类用户。

该用户群主要在以下方面实现规范化：

①任务工单查看（任务工单状态浏览、下载）；

②流程规范、操作步骤、风险提示、关联数据等内容的查看；

③数据录取与填报、生产异常（问题）上报；

④中控室电子巡检（基于 SCADA、DCS、FGS、工业电视）。

4. 任务监督管理用户群

任务监督管理用户群是按照公司开发生产基础工作标准化管理的要求对作业区基础工作进行监督管理的群体。主要包括作业区调度岗、专业技术岗、班站长三类用户。

作业区调度岗、专业技术岗、班站长进行任务监督管理，首先是对单个任务的完成情况和完成质量进行监督；其次是监督每天的计划任务是否完成；再次是按照时间阶段对任务完成情况进行个人间、班组间的对比分析。

该用户群主要在以下方面实现规范化：

①单个任务监督（任务环节确认、操作地点确认、操作记录检查、反馈问题查看）；

②任务计划监督（当天计划任务查看、当天任务完成情况、当天任务遗留情况）；

③任务完成情况分析（个人、班组、任务类型等横向和纵向对比，以周、月为周期）。

5. 工作考核管理用户群

工作考核管理用户群是按照公司开发生产基础工作标准化管理的要求对作业区基础工作进行工作考核管理的群体。主要包括开发管理部门基础工作管理科、油气矿开发科、作业区领导、综合管理岗四类用户。

开发管理部门基础工作管理科、油气矿开发科、作业区领导、综合管理岗按照基础工作考核需要确定具体的考核标准，进行个人、班组、作业区间的横向和纵向的统计、对比、分析，并最终形成量化的考核结果。

该用户群主要在以下方面实现规范化：

①考核标准维护、查看；

②任务完成情况统计（个人、班组等横向和纵向对比，以月、季、半年、年为周期）；

③任务执行评价（按期完成、延期完成、未完成、超额完成）；

④考核结果公布。

6. 专业岗位管理用户群

专业岗位管理用户群是从事油气生产、故障（隐患）管理、检维修管理、巡检维护、技术台账管理、专业报表管理、专业分析研究、技术方案管理、QHSE管理、物料管理等技术工作管理的群体。主要包括作业区调度岗、油藏工程岗、采气工程岗、储运工程岗、增压工程岗、脱水工程岗、机电工程岗、自控管理岗、物料管理岗、QHSE相关专业技术岗等用户。

作业区专业技术管理作为油气生产管理的辅助业务，其核心是满足公司、气矿不同专业的管理需求。专业岗位管理用户群的工作成果，一方面为满足上级管理需求，一方面是作为作业区领导辅助决策的依据，一方面用于指导现场作业（操作）。

该用户群主要在以下方面实现规范化：

①以组织机构、区块、单井、时间等维度来查询、浏览生产运行情况；

②以专业管理、设备类型、时间等维度来查看设备设施运行参数；

③对大修项目计划进度进行维护、查询、统计等；

④对检维修作业（施工作业）计划进度进行维护、查询、统

计、分析等，并通过流程流转、信息提醒等方式来开展生产组织工作；

⑤技术台账、技术方案的维护、查询、浏览、下载等；

⑥通过物联网和手工数据采集，自动生成各类专业报表；

⑦QHSE 岗位的需求（风险管理、责任落实、目标指标、信息沟通、设备设施管理、生产运行、作业许可管理、职业健康、环境保护、工艺设备变更管理、应急管理、事故事件及隐患管理、监督检查）。

3 属地规范化带来控制操作

为提升风险管控和员工素质，着眼“业务主导、专业支持”，抓实油气田公司的 QHSE 体系和标准化体系，抓牢“两个现场”风险管控，突出隐患治理，提升员工应急处置能力、转变员工观念、提升员工素质、提高员工发现问题和解决问题的能力，切实把控“两个现场”作业风险，努力实现“零伤害、零事故、零污染”，在油气田公司和下属气矿要实行属地规范化。

3.1 为什么要属地标准化

为管控“两个现场”（即：生产作业现场和施工作业现场）奠定基础，在油气田公司和下属气矿要实行属地规范化。

3.1.1 生产作业现场

针对生产现场存在的薄弱环节和“低、老、坏”现象，从制度制定、工作质量标准、责任落实等方面落实，全面排查、专项整治，解决生产现场的严重问题和重复性问题，持续规范生产现场安全环保管理，强化管理制度、操作规程、工作质量标准等在班组落地生根，不断提高生产现场安全环保受控管理能力，切实提升员工应急状态下的处置能力，促进现场管理水平上新台阶。

3.1.2 施工作业现场

通过规范施工现场管理、强化属地监管、提升作业许可管理、优化作业管理流程、开展承包商专项整治等方式实现风险分析到位、措施落实到位、监督检查到位，形成施工作业现场标准化检查及管理流程，全面提升施工作业过程受控管理水平。

3.2 如何实现属地标准化

3.2.1 完备管控标准

1. 责任落实

构建属地管理责任体系，需要合理划分中心站属地区域，落实责任人和属地管理职责。

2. 属地风险点管理

①危害因素辨识：需要明确工作内容、完善管理制度、建立基础资料台账。

②生产安全分级防控：梳理生产管理活动、辨识危害因素、分析评估风险、建立风险防控措施。

3. 有效的属地管理办法

建立有效、完善的属地管理办法，做到确认、告知、跟踪、提示、维护、识别、杜绝和监督的“十六字”属地管理法。

4. 合理的属地区域划分

①有明确的属地区域划分图。根据作业区特点，合理划分属地区域，制定相应的属地区域划分图。

②建立完善的属地标牌（图 3−2−1）。对应不同情况分类设置属地标牌。

主要危险、有害风险	控制措施	主要危险、有害风险	控制措施
天然气泄漏	严格执行使用操作规程，做好日常巡检和应急预案	中暑（高温）	定期为员工准备充足的饮料、水及个人中暑应急用品
火灾	定期进行线路检查，做好火灾应急演练	噪声	控制声源；控制声音传播；做好个体防护；健康监护；合理安排作息时间
触电	定期检查用电设备，加强安全用电教育	粉尘	正确佩戴个人呼吸防护用品，建立粉尘监测制度，切实落实综合防止措施，减少接触机会，定期体检
机械伤害	加强对机械设备的维修保养，保持机械设备处于完好的技术状态，各种安全防设施齐全可靠，作业人员必须佩戴好劳动保护用品，严格按照说明书及安全操作规程进行操作	车辆伤害	严格遵守厂区交通规则，特种车辆持证上岗
警示标识			

图 3-2-1　属地标牌

3.2.2　规范现场工作手册

完成基层站队 QHSE 标准化建设，修订完善“一井一策”“一站一案”“一线一案”的基层站队 QHSE 标准化“三册一图”管理规范。

3.2.3　施工现场管控

1. 施工现场风险管控

编制施工作业现场标准化图册、施工作业现场检查手册与监督工作质量标准。

2. 中心站形象提升打造

在总结前期中心站打造的基础上，对中心站基础设施进行标准化改造，全面提升中心站形象规范。

3. 站场工艺流程优化简化

完成气矿管辖老气区站场工艺流程优化简化，规划属地标准化。

4. 安全隐患整改

对作业区站场、阀室阀门及气田水存储隐患进行统一整改。

3.3 属地标准化的成效

3.3.1 及时发现和处理生产制度执行过程中的偏差偏离

井站通过每小时巡检和系统实时报警及时发现生产运行系统偏差偏离，当出现以下情况时井站必须及时开展分析并进行生产应急调整，确保整个系统的平稳运行。

1. 生产系统压力异常

井站输压异常时，及时排查原因并汇报调度室进行产量调整；若管线压力和流量持续下降，在及时判断管线泄漏的情况下立即进行应急处理，同时在安全位置进行气体连续检测。

2. 主要设备设施故障

井站井口设备及附件等主要生产设备设施故障影响安全生产，应及时排查处理故障，具备条件时进行流程切换。

3. 气井生产异常

气井生产出现异常时（如：产水量突然增加、井筒积液），应及时汇报调度室进行生产制度调整。

4. 井站停电

井站停电后根据本站 UPS 电池电量支撑情况上报调度室预计 UPS 支撑时间，并加强对生产系统进行现场监控的应急处置。

5. 井站失联

数据采集系统、通信系统、视频监控系统网络中断，能积极排查和处理故障原因，并及时汇报调度室，由调度室协调专业技术力量进行处理，同时井站可指派专人至失联的值守井站驻守，确保生产安全受控。

3.3.2 外部因素监控

1. 外部因素动态主要通过以下方式进行监控

①井场周边管线由井站当班人员监控；

②集气管线通过巡线员进行外部因素监控。

2. 统一监控与信息传递标准

①当班人员实时跟踪管线周边外部因素，及时将异常情况上报井站长，井站长组织当班人员第一时间进行初步应急处置、警戒和疏散工作；

②在接收到外部因素异常的信息之后，井站应立即汇报调度室，等待作业区救援力量。

3. 风险作业过程监控

井站风险作业通过指定的属地监督进行作业现场监控。主要监测：

①风险作业计划：包括作业内容、风险等级、作业单位、施工人数、项目负责人、施工预计时间；

②风险作业进度：包括作业的整体进展、施工作业过程中存在的问题及整改情况。

4. 统一监控与信息传递标准

①属地监督在当日施工作业队伍进场时电话汇报调度室备案；

②井站当班员工每日16：00前收集汇总所辖井站所有风险作业进度和明日风险作业计划并报调度室备案；

③属地监督对施工作业过程的异常情况及时汇报井站长和调度室，现场能处理的自行进行处理，不能处理的由井站站长组织人员进行应急处理，并等待项目部的救援力量。

3.3.3 统一操作标准

1. 工作质量标准

规范井站巡回检查、操作维护、分析处理、属地监督等生产作业活动，进一步梳理井站“干什么”和“干的程度与质量标准”的要求，制定相应工作质量标准，井站参照执行。正确穿戴劳动保护用品、合理选择工用具，根据规定的维护保养周期，遵循操作规程和操作卡，按照“十字作业法”和“一准、二灵、三清、四无、五不漏”的标准，开展场站设备设施的操作、维护保养。分析处理工作纳入场站学习、日常管理工作一并进行，由站场负责人员组织场站员工开展。将基于分析的处理或防控措施纳入日常生产和操作过程中，促进场站员工技能水平的提高和指导生产操作，最终提高场站的管控水平。

做到施工作业属地监督，井站每位员工都要为自身安全和属地安全负责；属地监督要强化承包商的安全管理，有效控制直接作业环节风险；杜绝不安全行为和不安全作业，提高井站员工对“三违”的参与和监督力度，预防和避免事故发生。

2. 不同岗位设置不同的操作卡

如井口区域设置：开井操作卡、关井操作卡、气举井操作卡、停举井操作卡、井口安全截断系统开启操作卡、井口安全截断系统开启操作卡、井口安全截断系统关闭操作卡等。工具间设置：井安系统空压机维护操作卡和井安空压机与备用氮气瓶倒换操作卡等。值班室设置：空气呼吸器使用操作卡等。

3. 规范使用阀门、井安系等设备装置系统使用说明书

（略）

3.3.4 高效的应急处理

1. 对井站的事故风险做出准确分析

根据不同的事故类型和涉及的范围通过事故的描述判断危害程度和影响范围。

2. 明确井站不同岗位的应急工作职责

①站长应急职责：

根据站内值班人员反映的事件迅速判断事件类型，掌控事件动态；

统筹安排班组人员进行现场的应急处置，人员疏散、汇报及事件现场的整体管控；

在确认救援人员安全的条件下，组织对现场受伤人员进行现场急救或移到安全的区域。

②站内值班人员应急职责：

对站内出现的异常进行初步判定，并上报站长。在确保自身安全的情况下，佩戴气体检测仪和空呼进行现场应急处置（图 3－3－1），同时将站内出现的异常情况上报调控室。在确保自身安全的情况下对现场受伤的人员进行简单的急救并打 120 急救电话寻求支援，并正确快速地引导救护车辆。

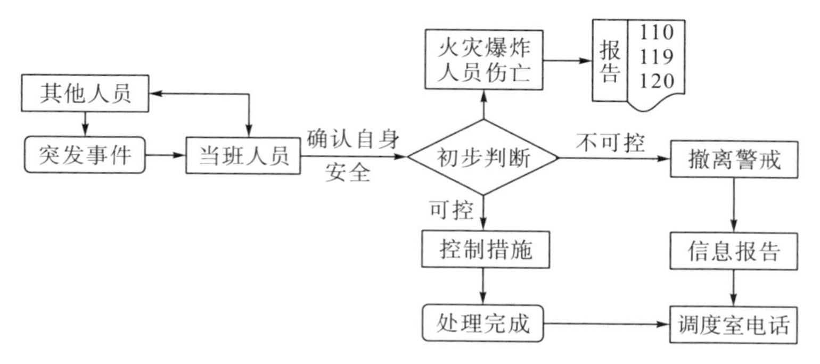

图 3－3－1　应急处置程序

对出现可能影响上下游安全生产的事件，除及时汇报调度室外，还应通知上下游井站做出相应的应急处置，防止事态的进一步扩大。

配合站长做好事件现场的警戒及周边居民的疏散工作。

配合站长协助井站所辖井口的现场应急处置、警戒及周边居民的疏散。

3. 设置应急处置程序

（略）

4. 做好现场应急处置

针对自然灾害、公共卫生、社会安全、交通事故、触电等突发事件的应急处置，作为员工应知应会内容必须熟练掌握，具体可参照作业区应急处置预案以及油气田安全工作手册执行。

3.3.5 做好职业危害与防护、自救互救

1. 职业危害与防护

在操作过程中，按照《岗位危险因素辨识及管理清单》制定的控制措施进行落实；定期参与《岗位危险因素辨识及管理清单》JCA 分析，班组长和操作员工应根据初始评估和现场评估情况，讨论发现的问题，确认改进建议。同时，参与监督完整性管理工作的有效执行，切实增强场站、管线系统的本质安全保障。

2. 自救互救

现场所有工作人员都应定期接受培训，学会紧急救护法，会正确解脱电源，会心肺复苏法，会止血、会包扎、会固定，会转移搬运伤员，会处理急救外伤或中毒等，不断提升自救互救相关技能。作业区应通过组织对员工自救互救知识和技能的持续培训，使现场员工具备最新急救知识和实践经验。

3.3.6 标识常见危化品安全技术信息

（略）

4 管理数字化带来管理提升

4.1 为什么要管理数字化?

在数字经济时代下，一切将会被重新定义，包括你的生活、工作与学习场景。数字经济的新业态与新形式改变了传统的商业逻辑，而商业逻辑当中最大的变化就是价值创造和获取方式发生了本质的变化。企业是社会经济发展的重要因素，为适应数字经济发展趋势，应当制定与之相适应的发展理念与管理形式，用数字化思维审视企业内外部环境，采用数字化管理，实现人、财、物的高速、有效匹配。

企业数字化管理（Enterprise Digital Management，EDM）是指企业把数据信息作为维系机体的血液，企业数字化管理可能渗入到企业的战略、管理与执行层，以量化的数字为依据，运用数字化管理的方法与手段。企业数字化管理以系统论、信息管理理论和控制论为理论基础与方法，运用先进的信息网络技术，对企业管理模式、管理方法、经验进行挖掘和编码，改善传统管理职能，即决策、计划、组织、领导和控制等管理职能的效率，提高信息共享与企业管理的效率，从而提高企业外部市场竞争力与经济效益。企业数字化管理具体体现在以下三个层面。

①管理手段的数字化：企业在生产中广泛运用电子信息技术，实现生产自动化。如生产设计自动化（CAD）、自动化控制、智能电表、单片机、PLC 模块、DNC 的使用等，都是数字化信息技术的一部分。

②信息的数字化：企业日常生产与管理的一切信息、知识都可能通过数字信息技术转化并输出与保存，方便日后查寻与运用。

③高级辅助管理、辅助决策系统、内部网、外联网、企业资源规划（ERP）、CAM、CAE、办公自动化（OA）、BI 等辅助管理和决策。这是一个更高层次的信息化。企业数字化管理需要企业各个决策、职能与执行部门的通力合作，实现企业战略、战术与实施层的数字化。

4.2 如何实现管理数字化？

4.2.1 数字化平台管理

①通过现有数字化技术的应用，建立一个适应油气田发展的数字化管理平台。通过多年的不断建设和完善，这个平台能实现实时在线监督油气田内部所有的在建和已建的地面建设工程项目的现状。

②以建立数字化管理试验区为先导，构建统一的数字化管理建设标准。数字化的实施过程中要注重示范性的作用，遵循先试验、再评价，然后再进行确定，从而得到一致的、具有示范性、适用性的数字化实施标准、标准造价体系以及设备的定性目录。

③利用数字化管理平台，实施项目运行管理工作。数字化管理平台利用成熟的数字化技术，将实时上传的数据作为指导依据，并且在使用中结合针对各个使用者不同界面系统的整合集成，建立了一个高度集成且实用的管理平台。不仅实现了井场、站点的数据收集监控，更实现了多方参与者同时利用数字化管理平台进行项目分析、项目计划决策，由此实现了地面建设项目的高效决策和安全性监控。

④以安全管理为核心，制定适合数字化管理的制度。通过多种措施不断加强对油田的数字化管理项目建设的综合协调能力以及统筹管理能力，例如可以对建设单位进行审查、设定施工队伍的准入规定、严格监督建设方案以及全程监察建设过程等措施，通过数字化管理审查等程序来切实加强对施工方的监督、管理。

⑤形成适合油气田数字化管理的队伍。为了提高全员的操作水平、更快地实施油田的数字化管理，油田积极开展多层次的数字化管理培训，其目的是首先建立一支技术过硬的师资队伍，然后通过师资队伍去编制较为切合实际、全面合理的培训计划。这一方案可以针对不同层次的学习者制定、实施不同的教学内容，并且将教材分为技术管理篇与操作篇，为油田的数字化持续发展奠定人才基础。

4.2.2 规范现场工作手册

在工程项目的管理机构制定中，明确项目的各个参与方在项目管理中的定位和责任，对参与项目的管理者提出管理要求和奖惩规范，确保工程项目管理工作的正常顺畅进行。

①明确项目各参与方的职能职责，明确各参与方在项目管理中应该采集的数据的内容和范围。

②建立统一的数据录入标准，将所录入的信息进行统一管理和规范化储存，方便以后的随时调阅和提取使用。

③加强工程项目各阶段的数据、信息采集管理，做到采集信息及时更新，信息流通顺畅无误。

④将数字化管理平台的管理流程进行标准化，对所有采集的信息和数据进行有条件的筛查选择，保留对工程项目有用的信息，以满足工程项目管理的需要。

⑤建立适合本工程项目的数字化管理平台保密制度，防止工程项目的数字化信息流失，保护工程项目数字化信息的可靠性和

完整性。

4.2.3 施工现场管控

工程项目实施时都是由各个项目参与者进行的，而各个项目参与者都与项目建设方签订了项目实施合同。合同中明确了各方应该进行的项目工作和项目管理中应该担负的责任，将对合同中参与方合同履行不到位的情况进行相应的经济处罚，有效地使用合同对各个项目参与方进行约束管理。

1. 发挥业主的作用

项目建设中业主始终参与其中，同时业主也是项目的规划者和所有者。业主主要控制着整个工程项目参与者的选择、设计方案的决定、施工方的确定及施工资金的投入。业主对工程项目管理的迫切需要刺激了工程项目数字化管理的推行，业主的管理得力与否直接关系到工程项目数字化平台的使用情况和工程项目的管理水平，所以应最大限度地发挥项目业主的作用。

2. 发挥参与者作用

建设工程项目的数字化管理平台，需要工程项目的所有参与者进行参与才能体现出管理平台的效果。数字化平台是为了工程项目管理提供帮助的，所以需要有工程项目管理者的全力支持和重视，用管理者管理权利约束工程项目的各个参与者，充分利用数字化管理平台对工程项目进行管理工作。但是只有领导重视数字化平台的建立是不行的。各种工程项目数据的建立和采集需要及所有参与者的力量才能完成和完善，所以还要工程项目的参与者积极地参与到数字化管理平台的建设和完善中来，将数字化管理平台作为指导工程项目管理的关键平台和方式。只有这样才能不断完善数字化管理平台，才能体现管理平台的作用和意义。

3. 重视人才培养

利用数字化网络技术建立起来的数字化管理平台依旧是一个

项目管理工具，不具备自主管理的意识和能力，日常维护和完善还是要依靠具备专业技能和操作能力的人来进行。

在数字化管理平台的日常运行中也会出现各种各样的技术性问题，需要具备专业数字化技术知识的人员来解决。但是不是所有出现的问题都是技术性问题，例如有些是关于工程项目数据录入或者工程项目数据储存的问题，或者是关于工程项目管理中出现的问题。一般的专业数字化技术人员对工程项目不是很清楚，无法解决工程项目的管理问题。所以，我们需要既懂数字化技术，又懂工程项目管理的人才对数字化平台进行管理维护。

我们在工程项目的规划阶段就应该考虑到人员的培训问题，专门针对数字化管理平台的运行维护培训具有工程管理经验和数字化技术的管理人员，才能使数字化管理平台快速投入到工程项目管理中，更好地为工程项目管理提供支持。

4.2.4 考核数字化

依据作业区工作质量标准和作业的执行情况，对作业区范围内的员工工作进行量化考核。通过作业中产生的执行情况数据，对完成任务进行完整性和及时性分析，提供任务完成情况多维度的统计功能，并由此产生任务执行评价结果。通过任务评价结果和考核标准体系数据形成任务分类量化考核结果并发布（如图4－2－1）。

工作量化考核优化功能有：工单分类考核权重管理。简化部分考核权重，优化考核维度及计算方式，增加电子巡检、问题上报与处置、进出站登记、油水车拉运等计分方式。

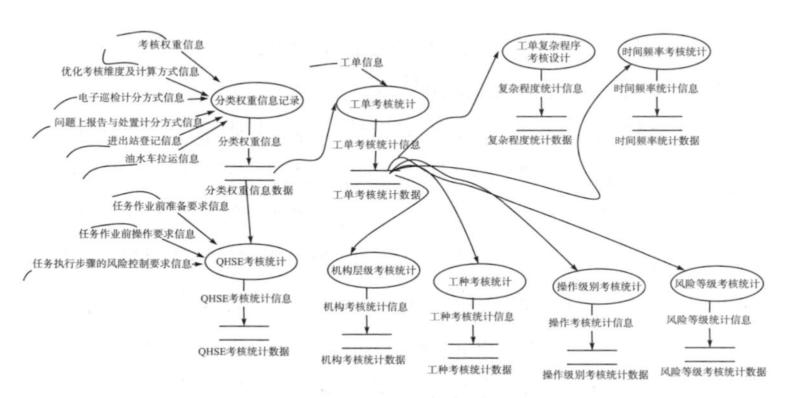

图 4−2−1　考核数字化图

工作量化考核继承功能有：QHSE 执行考核统计、单个工单考核结果处理、按机构层级考核统计、按工种考核结果统计、按操作级别考核结果统计、按风险等级考核结果统计、按复杂程度考核结果统计、按时间频率结果统计、考核结果报表展示、考核指标图形展示、考核数据定制查询。

4.3　管理数字化的成效

数字化管理促进了油田的重大变革，数字化管理平台的应用不仅大大降低了地面建设项目实施过程中产生的各种风险，还能够加强工程项目管理的效率，减少项目管理的强度，是一条降低生产风险，创造社会效益、经济效益之路。

4.3.1　电子监督

提高了管理效率和安全环保监管水平。数字化管理平台以基本的地面工程项目管理为基本管理单元，将项目实施过程中的所有阶段进行了监督管理，同时完成了关于项目进度、环境影响管理、项目安全生产管理的综合性管理。

4.3.2 过程管控

提高劳动效率，降低管理强度。实施数字化管理平台前，所有的地面建设项目都需要有专人进行监督管理，每天会有众多的管理人员往返于各个地面建设项目现场采集数据、制定计划。而数字化管理平台的应用大大减轻了管理强度，实现了即时采集数字、远程采集数据，使管理人员的生产管理强度大大减轻，同时又加强了管理工作的效率。

4.3.3 效果分析

减少了人员管理成本。传统的管理模式中存在着管理机构多、办公费用高、人工费用高、资料人工录入等缺陷，油气田的地域分布广、环境恶劣、各个项目之间的距离比较长，仅凭管理人员难以实现有效的监控，反而增加了人力的投入。实现了数字化管理后，管理人员能够实时在线监控各个项目实施的进度和状况，并通过这些数据进行生产管理分析工作，大大降低了人员的投入。

有利于总体项目节约成本。地面项目数字化管理平台能够提供的实时信息为管理者制定管理目标提供了帮助，避免在项目管理工作中出现大的管理问题和项目实施错误。通过数字化管理平台可以解决项目管理的资源优化配置问题，为项目总体成本的降低提供帮助。

信息的共享化，为油田下一步发展指明了方向。信息化建设已成为现代各类企业的共识，实施数字化建设不仅加快了信息化建设的步伐，同时也为油田的进一步发展指明了方向。通过数字化的应用，传统产业链的管理水平得以大幅提升，促进了员工对各种信息资源的共享。

5　第一个“三化”实现两个现场的管控

5.1　数字化系统和作业区数字化管理平台的对接

数字化平台是借助物联网、移动应用、大数据、云计算等新技术，实现大数据共享、实现信息化与油气田业务深度融合，从而推动作业区实现“岗位标准化、属地规范化和管理数字化”。数字化平台的建设必须适应公司的改革和发展的需要，围绕石油公司的发展战略目标和核心业务，以信息资源集成化管理为重点，以信息网络建设为基础，以信息资源共享为目的，以应用系统为载体，建设一个“适用、兼容、简便、专有”并可持续改进的数字化管理平台。

作业区数字化管理平台以作业区业务管理和一线场站基础工作标准化为基础，借助于物联网、移动应用和大数据技术，建立作业区基础工作闭环管理与生产运行安全环保预警管理模式，实现作业区基础工作和业务管理的规范化操作、数字化管理和量化考核，为实现作业区“岗位标准化、属地规范化、管理数字化”奠定信息化基础，从而全面提升作业区数字化管理水平，推动生产组织优化、强化安全生产受控，进而提升油气田生产效率和效益。

5.1.1　总体目标

作业区数字化管理平台在结合公司 QHSE 业务领域的新标准、新规范的基础上，遵循公司基层站队 QHSE 标准化建设

“继承融合，优化提升；突出重点，简便易行；三个一致，管控落地；激励引导，持续改进”的工作原则，持续优化生产体系和标准体系建设，强化基层站队QHSE标准化管理要求，重点关注作业许可、变更管理、事故事件管理。借助信息化手段使标准、规范、流程和制度实际落地，着力推动日常生产操作过程中对员工安全能力与意识的培养与提升，推动QHSE由传统线下“表单化”管理模式向实时在线“数字化”模式转型升级。

如图5-1-1，作业区数字化管理平台建设项目的总体目标是深入贯彻落实国家和集团公司有关“两化”深度融合、智能制造发展与创新理念，深度融合油气生产基础工作管理要求，以技术创新与管理创新为引领，以生产智能化、管理精细化、决策数据化、数据互联互通、管控一体化为基本要求，以云计算、大数据、物联网等新型信息化技术为手段，建立标准化、数字化的生产管理体系和基层站队QHSE管理体系，建立生产、施工现场运行实施的电子化监督机制，促进基层安全环保管理向数字化时代迈进，以信息化推动本质安全，以信息化推动基层安全环保管理水平的提升，实现油气生产网络化运行、智能化管理，保证公司油气生产全过程、全方位安全受控。作业区数字化管理平台全面推广应用后，在生产一线实现“岗位标准化、属地规范化、管理数字化”，实现油气生产由传统管理模式向数字化管理转型。

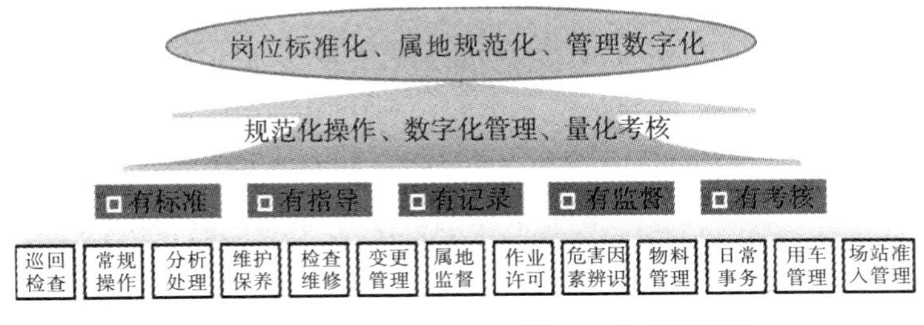

图5-1-1 作业区数字化管理平台项目目标

5.1.2 具体目标

1. 建立两大体系和基层站队 QHSE 体系的信息化，实现基层标准化运行

结合公司基层站队 QHSE 标准化建设方案，梳理相关风险管理、责任落实、目标指标等十三个要素大类的 40 个要素信息，扩建标准体系数据库和开发移动应用，新增各类管理 QHSE 数据表，建立基于物联网的风险防控和应急管理信息系统，有效推动作业区 QHSE 工作质量的改善和提升，充分利用数字化自控手段，提高风险管控应急能力，实现作业区 QHSE 管理的规范化、数字化，有效支撑公司 QHSE 标准化站队建设。

2. 全面集成数据，实现基层日常操作一站式采集

结合现场基础工作的具体要求，采用移动应用模式，实现现场操作过程中的基础数据录取，替换传统 Excel 手工填报，一键下发、上报、汇总，保障数据结构统一，提升数据填报质量，避免数据交叉或重复，简化数据采集工作。加强基础工作相关数据集成共享，支持作业区业务管理、开发生产管理、生产运行管理、生产安全受控管理、设备管理等专业管理的需求。

3. 制定和规范作业区业务管理流程，实现基层管理工作在线运行

基于公司逐步规范的作业区业务管理流程，按照巡回检查、常规操作、分析处理、维护保养、检查维修（施工作业）、变更管理、属地监督、作业许可管理、危害因素辨识、物料管理、分析处理、用车管理、日常事务和站场（厂）准入十三大管理流程，实现一线场站管线基础工作的标准化管理，流程执行全面跟踪，实现作业区生产安全管理在线运行。

4. 建立高标准作业区专业平台，实现作业区数字化管理

利用计算机、通信、网络等技术，通过统计技术量化管理对

象与管理行为，实现计划、组织、生产、协调、创新等职能的管理。强化基础工作任务源头统筹管理、任务调度规范化、生产组织高效协同，实现作业区专业岗位工作规范化、数字化，实现作业区生产管理由传统管理模式向数字化管理转型。

5.1.3 建设内容

1. 扩建标准体系数据库和开发移动应用

根据公司基层站队 QHSE 标准化建设成果，按照风险管理、责任落实、目标指标等 13 个要素大类的 40 个要素信息，建立公司级 QHSE 管理数据库及 QHSE 管理相关移动应用支持。

2. 搭建作业区数字化管理平台 QHSE 管理子系统

针对作业区 QHSE 管理业务和一线井站基础工作的需求，基于作业区数字化管理平台设计和开发 QHSE 管理子系统，构建作业区业务管理和一线井站基础工作的 QHSE 信息化支撑体系。

3. 结合平台运行、推广实际反馈情况

对物料管理、分析处理、危害因素辨识、属地监督四项功能进行优化升级，提高平台的易用性、实用性、通用性。

4. 作业区示范实施

作业区功能实现示范单位的选择，按照公司基层站队 QHSE 标准化建设管理要求，指导示范实施作业区完成 QHSE 信息化管理工作的落地运行。

5. 作业区示范推广

在公司某处进行示范推广实施。

5.1.4 业务范围

作业区数字化管理平台的业务范围分为作业区机关业务和一线井站业务，平台 2.0 项目在平台 1.0 的基础上进行了完善优化和扩展。

经梳理，作业区生产管理业务主要包括：生产运行计划执行与跟踪工作、生产数据远传系统的采集和监控工作、气田气井的管理、作业区资产管理、场站管道设备管理与维护等工作；作业区QHSE管理业务主要包括：风险管理、责任落实、目标指标、信息沟通、设备设施管理、消防管理、交通管理、质量管理、计量管理、节能节水、作业许可管理、职业健康、环境保护、工艺设备变更管理、应急管理、事故事件及隐患管理、监督检查等工作；作业区经营管理业务主要包括：天然气营销管理、作业区财务核算、成本核算工作和成本指标、合同管理等工作；作业区综合管理业务主要包括：作业区行政事务、人员能力培训、党建组织、文化建设等工作。

综上，作业区机关业务管理涉及生产管理、QHSE管理、经营管理、综合管理4大业务领域，其中以生产管理、QHSE管理为重点。

5.1.5 作业区数字化平台对接

作业区数字化管理平台，借助SOA技术平台，实现与相关信息系统的数据集成、数据服务、应用集成。相关信息系统主要分为数据集成方式、数据接口方式、界面集成方式（表5-1-1）。其中，设备综合管理系统、HSE管理系统（E1/E2）、计量管理系统、承包商管理系统；管道管理平台采用数据集成方式，一线场站基础资料规范化管理系统采用界面集成方式；生产数据管理平台采用数据接口方式。以上数据对接内容优先采取对接方式实现，若条件无法满足对接的，平台将优先采用本平台录入，并预留导出功能及相关接口的准备工作，待对接条件满足时，进行对接。

表 5-1-1　与相关信息系统的集成范围

对接系统	对接形式	对接内容	技术方式
生产数据管理平台	数据接口扩展	各场站水、电、气消耗数据	通过 OPC 采集方式实现对接
一线场站基础资料规范化管理系统	界面集成	报表审核	通过单点登录集成方式实现界面嵌入集成
设备综合管理系统 2.0	数据集成	淘汰设备数据、设备特性数据	通过公司 SOA 架构，请求 ESB 接口服务，实现对设备综合管理系统数据集成
HSE 管理系统（E1）	数据集成	事件上报及事件历史数据及隐患数据、隐患处置结果、事故事件数据、环境保护相关数据、职业病危害场所检测计划、职业病危害场所检测报告、安全管理数据、环保管理数据等	计划通过 HTTP 协议方式，实现对 HSE 管理系统（E1）数据集成
E2 系统	数据集成	应急管理相关数据	计划通过 HTTP 协议方式，实现对 E2 系统数据集成
计量管理系统	数据集成	计量管理相关数据	计划通过公司 SOA 架构，请求 ESB 接口服务，实现计量管理系统数据集成
承包商管理系统	数据集成	承包商人员信息数据	计划通过 HTTP 协议方式对接，实现对承包商数据集成

续表5-1-1

对接系统	对接形式	对接内容	技术方式
物联网系统	数据集成	物联设备相关数据、实时数据、智能设备运行巡检数据、校表数据、校表日期记录、校表记录、校表报告	物联网把 wsdl 文件发给作业区 2.0 平台，根据 soap 协议进行通信，把 xml 格式的数据，解析到平台数据库供使用
管道管理平台	数据集成	作业计划数据、工艺变更数据、隐患数据、管道巡检数据	计划通过公司 SOA 架构，请求 ESB 接口服务，实现管道管理平台数据集成

在油气田公司范围内共有与作业区密切相关的集团公司统建系统（平台）5 套，公司自建信息系统（平台）6 套。

油气水井生产数据管理系统（A2）：通过作业区数字化管理平台建设，将为 A2 系统提供单井注采数据、站库生产数据等方面的数据服务，并集成 A2 系统的生产日报、气藏报表等报表。

采油与地面工程运行管理系统（A5）：通过作业区数字化管理平台建设，将为 A5 系统提供采气生产数据、站库运行数据、措施作业数据、设备运行数据等方面的数据服务，并集成 A5 系统的采气工程报表、地面工程报表、作业动态等应用。

地理信息系统（A4）：A4 系统是作业区数字化管理平台的基础支撑平台，将提供基础地理、数据查询、空间分析、瓦片地图、动态地图、专业空间、三维数据、数据管理、数据脱密等服务。

HSE 管理系统（E1）：通过作业区数字化管理平台建设，将为 HSE 信息系统（E1）提供事件上报及事件历史数据及隐患数据、环境保护相关数据、职业病危害场所检测计划、职业病危害场所检测报告、隐患处置、事故事件、安全管理、环保管理等数据服务。

应急管理系统（E2）：通过作业区数字化管理平台建设，将为E2系统提供应急预案体系、应急处置报告等方面的数据服务。

生产管理综合数据平台：生产管理综合数据平台是作业区数字化管理平台的基础支撑平台，将提供元数据采集、元数据浏览、元数据评价、元数据变更、元数据下载、主数据录入、主数据配置、主数据审核、主数据变更、主数据查询等服务。

设备综合管理系统2.0：通过作业区数字化管理平台建设，将为设备综合管理系统提供设备运行参数、巡检维护数据、检维修数据等方面的数据服务，并集成设备综合管理系统的增压设备台账、脱水设备台账、机电设备台账、采气设备台账、物联设备台账等方面的数据。

生产数据平台：通过作业区数字化管理平台建设，将集成生产数据平台的生产实时数据、油气产量数据、油气集输数据、设备运行参数等方面的数据。对于井/场站/管线等生产实体相关的实时数据，采用生产数据综合平台的元数据管理工具建立索引，并通过DSB总线进行数据的访问。另外，在生产现场的移动应用中，将首先基于物联网推广项目建立的现场WIFI来获取现场RTU或传感器上的实时数据进行展示和应用，如现场不能提供直接的实时数据接入硬件环境，将从办公网的生产数据平台中接入。

开发生产管理平台：通过作业区数字化管理平台建设，将为开发生产管理平台提供生产数据、作业进度、作业结果、技术台账等方面的数据服务。

一线场站基础资料规范化管理系统：通过作业区数字化管理平台建设，将集成一线场站基础资料规范化管理系统的报表审核、数据上报等应用。

移动应用平台：移动应用平台是作业区数字化管理平台移动端内外网联通的基础支撑系统，将提供内外网通道、移动端单点登录等支撑服务。

作业区平台1.0系统：作业区数字化管理平台1.0满足了作业区及一线井站基础工作管理、现场操作指导和数据一次采集的需求。作业区数字化管理平台1.0建设工程已分别在采输气作业区、开发项目部、页岩气作业区等7个作业区推广应用，在生产管理方面取得初步成效，改变了作业区原有的管理模式，基本实现了预期目标。

5.2 把控设备施工情况

通过数字化平台，对整个作业区各项设备情况和各项施工情况进行把控。

5.2.1 作业区设备情况把控

作业区设备情况主要包含作业区一线井站设备情况，作业区一线井站的生产单元包括采气单井、集输气站、输配气站、增压站、脱水站、转水站、气田水回注站、采油单井、管线等9大类。一线井站的工种包括采气工、采输气仪表工、集输工、计量检定工、维修电工、天然气压缩机操作工等37个。

5.2.2 一线井站情况把控

一线井站的主要业务范围包括：巡回检查、常规操作、分析处理、维护保养、检查维修（施工作业）、变更管理、属地监督、作业许可管理、危害因素辨识、物料管理、用车管理、日常事务、场站准入管理。其中，巡回检查、常规操作、维护保养、检查维修（施工作业）4 个管理流程完全满足实际需求；作业许可管理流程、变更管理 2 个管理流程不满足实际需求，需要进行重构；物料管理、分析处理、危害因素辨识、属地监督管理 4 个管理流程部分满足需求，需进行升级优化；根据新标准和新要求，新增用车管理、日常事务、场站准入管理 3 个管理流程，具体业务内容如表 5-2-1 所示。

表 5-2-1　一线井站业务范围表

流程名称	主要业务内容	类型
巡回检查	按照场站分区域、管线分段的方式，定期进行巡回检查。如：单井站（井口区、药剂加注区、水套炉加热区、分离计量区等）、脱水站（三甘醇脱水装置区、分子筛脱水装置区）等	继承
常规操作	按照不同的生产单元，根据上级要求进行常规操作。如：单井（开关井、产量调节、药剂加注等）、集输气站（收发球、放空、孔板清洗等）、增压站（启停机、软化水加注、润滑油加注等）、脱水站（装置开停车、重沸器点火、缓冲罐充气、甘醇加注等）、气田水回注站（气田水加注、转输、装车、卸车、回注泵启停等）、管线（解堵、收发球、阴极保护、定点测厚等）	继承
分析处理	对各生产单元的生产异常和常见故障进行分析。其中，生产异常包括自喷井生产分析、场站集输系统生产异常分析、计量系统生产异常分析等，常见故障包括各类装置、机泵、仪器仪表等不能正常使用或计量数值不准确等	优化

续表5－2－1

流程名称	主要业务内容	类型
维护保养	按照不同的生产单元，根据标准规范或上级要求，进行维护保养。各生产单元维护保养主要内容包括：单井（井口装置、水套加热炉、阀门等）、集输气站（阀门、清管装置、储罐及放空区等）、增压站（整体式增压装置、分体式增压装置、压缩机分离器、燃料气分离器等）、脱水站（冷却器、吸收塔、仪表风等）、气田水回注站（回注泵、计量装置、火气系统等）、管线（跨越管线、标识标志、测试桩等）	继承
检查维修（施工作业）	对场站工艺设备、自控设备、机电设备等的全面检修，以及清管作业、停气碰口作业等	继承
变更管理	工艺变更、设备设施变更、仪表量程变更、实时数据点号变更、告警阀值变更、IP 地址变更、管理流程变更等	重构
属地监督	核实作业许可及 JSA、工作界面交接与技术交底、现场管理（气体监测与检测、施工隔离、受控作业、动土动火作业、高处作业、作业许可延期、作业完成交接等）	优化
作业许可管理	采油气工艺（带压更换井口阀作业、井安系统安装等）、天然气集输（停气碰口作业、清管作业、氮气置换作业、脱水装置检修、增压机检修等）、地面建设（土建施工、扩建施工、大型设备吊装等）、电气工程（电力设施检修、避雷塔检修等）	重构
危害因素辨识	物的不安全状态、人的不安全行为、管理因素、环境因素	优化
物料管理	备品备件、消耗材料、应急物资	继承
用车管理	普通用车（生产用车、行政用车）、升级用车（夜间/周末及 9 座及以上长途大型车辆）	新建

续表5－2－1

流程名称	主要业务内容	类型
日常事务	照明用具更换、办公电话线路检查、生活设施维修申请等	新建
场站准入管理	外来人员准入申请、外来人员准入审批、外来人员进站（厂）管理、外来人员出站（厂）管理	新建

5.2.3 作业区设备权限、职责和对应的平台建设

综上，作业区是油气开发生产管理的组织协调和生产操作单位，作业区生产基础工作管理的业务对象包括站场、管线两大类型，基础管理工作包括生产管理、QHSE管理、经营管理及综合管理四大业务领域，为开发生产管理采集基础数据和提供决策依据，还为生产过程管理对异常原因分析、处置预案制定、生产组织协调、施工质量管理、风险管控等提供基础保障，确保油气生产安全受控和平稳运行。

作业区业务顺应公司推动的“四个转变”：安全部门管理安全向业务部门管理安全转变、事故驱动管理向风险管理转变、自上而下的强制管理向自主管理转变、重视结果问责向注重过程监管转变。

作业区设备权限、职责和对应的平台建设内容见表5－2－2。

表 5−2−2　作业区设备权限、职责和对应的平台建设内容

气井及井口装置管理	井下管柱及附件管理	开发管理部门	对井下安全阀运行管理并及时汇报
	井口装置安全管理	开发管理部门	对新安装的井口装置管理，按照应急预案要求做好监控处理工作，防止事态扩大发展
	井口装置日常操作维护及巡检管理	开发管理部门	日常维护工作、巡检工作
	井口装置隐患管理	开发管理部门	负责气井及井口装置隐患的排查、汇总，并上报开发科和生产运行科，建立健全、更新井口装置技术及安全隐患整改台帐及档案卡。 所辖管理范围内的场站设备、设施、气井井口、井下管串进行全面排查。对存在隐患的井必须有相关照片作为佐证。 做好修井、井口装置 A、B 类安全隐患整改建议方案的编制上报，完成井口装置 C 类隐患整改方案编制审查和实施工作，并将 C 类隐患整改方案上报业务科室备案。 编制和上报高含硫气井修井割除及恢复井口采气管线施工配合方案。 负责辖区修井、井口装置 A 类隐患整改的施工配合监督工作。 参加钻（完）井、修井、井口整改项目完工交接验收工作，负责检查井口装置的完好情况
	井口装置外委维护	开发管理部门	井口装置外委维护组织预验收，确认更换材料清单及工作量签认单。 在对井口装置外委维护的同时，对作业区相关技术人员和维修服务站、井站操作人员进行井口装置相关知识的培训

续表5－2－2

机泵运行与管理	机泵基础资料	生产运行处	收集机泵基础信息，建立或更新机泵台账。 收集机泵使用说明书，并做好存档保存。 编制机泵操作规程，并下发井站执行。 建立机泵故障台账
	机泵运行与维护保养	生产运行处	对新投运机泵进行调试，并对运行情况进行跟踪，做好机泵运行适应性分析。 组织应急抢险维护中心开展一次机泵维护保养，同时做好机泵故障的处理，并做好故障原因分析，提出解决措施或预防措施。 对未纳入应急抢险维护中心的机泵（清水泵等）开展一次机泵维护保养，同时负责该类机泵的故障处理。 对停用机泵每月进行一次跑车，维修站泵工对闲置机泵做好封存
	机泵大修与配件采购	生产运行处	根据机泵维护保养情况，合理上报机泵配件采购计划，并交与物资采购人员进行采购。 根据机泵运行情况，上报机泵大修或更换立项方案，上报大修物资计划，并组织实施
增压装置运行与管理	设备日常检修管理	生产运行处	根据增压站的实际情况建立健全增压站的巡检标准和巡检周期，并进行定期监督和考核。 按工作质量标准对增压机设备的所有巡检点进行检查，增压机维护外委单位和自控抢险中心负责定期巡检，并将巡检结果汇报作业区生产办存档。 检查增压站工作资料记录和定期组织专项检查巡检质量，并将每次检查结果备案并纳入业绩考核

续表 5—2—2

增压装置运行与管理	维护保养管理	生产运行处	增压机组维护包括日常维护和定期维护。 建立相应的专业维护队伍或维护外委，负责增压机的大型维护作业
	设备大修管理	生产运行处	对已经达到大修期限的增压机组，应作修前预检及评估，以确定修理内容。 大修的修前技术鉴定。 进行设备主要系统和重要部件的检测、调整、更换、修理，恢复设备功能及性能。 大修的竣工资料由承修单位整理，装订成册，交使用单位归档
	基础资料管理	生产运行处	根据增压生产技术管理相关业务建立健全相关规章制度及技术资料、档案与台帐、日常管理记录和报表等四类资料。 增压设备技术档案、资料与台帐。 日常管理记录
阀门运行维护管理	阀门基础资料	开发管理部门	负责对大修设计阀门选型的型号、材质进行要求。 建立关键阀门的资料台账。 收集阀门的使用说明书或操作维护保养规程
	阀门维护	开发管理部门	组织对干线球阀进行维护保养并进行资料记录。 检查气液联动阀门的执行气源有无漏失，确保气源压力符合生产要求
	阀门更换	开发管理部门	阀门更换按作业许可流程进行管理。 对关键阀门的更换按变更管理流程执行
	阀门维修	开发管理部门	及时处理阀门隐患，对失效阀门进行维修或更换。 对阀门失效原因进行分析并归纳总结

续表5—2—2

供配电管理	作业区 电力管理	生产运行处	编制修订供配电设备操作规程、检维修操作卡。 建立供配电设备基础资料、电力设施检维修、隐患跟踪处理记录台帐。 负责电力设备设施的运行维护和日常检维修管理，组织好每年的春秋季电力设施检查工作。 编制供配电设备大修及更新改造建议计划。 负责作业区供配电设备设施检维修施工作业许可和现场管理。 与当地供电部门的协调工作
	电力设施 运行维护	生产运行处	作业区负责变压器低压端以下的电力设备设施的管理。 抢险维护中心负责变压器及变压器高压端以上的电力设备设施的管理
	电气设施检 维修管理	生产运行处	供用电设施巡检、维修纳入生产办统一归口管理。组织整改巡检发现的问题并做好相关记录。 在施工之前组织施工单位做好技术交底，施工过程中安排专职电工配合和监督
	防雷防静电 管理	生产运行处	作业区生产技术办应建立防雷防静电设备设施台帐及防雷防静电检查维护记录，并做好实时更新工作。 各井站实施防雷接地装置（避雷针、断接卡、引下线等）的日常巡检工作。 作业区生产技术办根据气矿的统一安排组织好防雷防静电检测工作。对于检测不合格的接地点，作业区生产技术办应及时组织维修工作

续表 5—2—2

供配电管理	安全用具管理	生产运行处	管理电力安全工器具，统一定点存放，保持清洁完好。 清点、检查，电力安全工器造册、存放情况。 做好电力安全工器具试验或检验工作并形成台账
	电力安全技能培训	生产运行处	组织电力专业人员参加电力安全工作规程的培训工作，并完成一次电力安全工作规程的考试。 对于离开本岗位工作的电力专业人员，包括新进员工、新调入人员，组织电力安全工作规程培训与考试工作。 组织对涉及电力设备操作、巡检、维护等电气工作的采气工进行电力基本知识与岗位技能培训
发电机运行与管理	发电机基础资料	生产运行处	收集发电机基础信息，建立或更新发电机台账。 收集发电机使用说明书，并做好存档保存。 根据发电机使用说明书，结合生产现场实际情况，编制发电机操作规程，并下发井站执行。 建立发电机故障台账
	发电机运行与维护保养	生产运行处	对新投运发电机的运行情况进行跟踪，做好发电机运行适应性分析。 组织开展发电机维护保养，填写《备用发电机组每季度维护保养记录》，并存档。 做好发电机故障的处理、故障原因分析，提出解决措施或预防措施。 对发电机房配置合格消防器材。 督促井站班组对发电机每周进行一次不带负荷跑车，并对井站跑车记录进行检查。 组织井站班组每年对发电机启停操作卡进行工作循环分析（JCA）

续表 5－2－2

发电机运行与管理	发电机大修与配件采购	生产运行处	根据按保养周期要求，合理储备一定数量的备品备件，上报发电机配件采购计划，并交与物资采购人员进行采购。 根据发电机运行情况，上报发电机大修或更换立项方案，上报大修物资计划，并组织实施
通信及信息化	季度巡检	生产运行处	编制好巡检计划表，按照计划表执行巡检，并在巡检结束后，针对检查出的问题，形成巡检报告并反馈作业区
	日常管理	生产运行处	进行日常维护、电子巡检并及时汇报
	问题整改	生产运行处	收集并汇报至作业区信息化技术干部，技术干部对问题进行现场检查、分析、解决
	考核	生产运行处	对生产技术办进行考核，并站考核纳入作业区月度考核范围
特种设备	设计选型	生产运行处	依据生产经营发展方向编制设备规划。 依照标准化、系列化、通用化的原则组织确定设备选型安装及调试工作，保证设备的可靠性、经济性和先进性
	安装检查	生产运行处	将拟特种设备安装、改造、维修情况书面告知直辖市或者设区的市级特种设备安全监督管理部门，告知后方可施工
	注册登记	生产运行处	特种设备在投入使用前或者投入使用后，使用单位应填妥“注册登记表”，并办理注册登记

续表 5-2-2

特种设备	建立安全技术档案	生产运行处	收集特种设备的设计文件、产品质量合格证明、安装及使用维护说明、监督检验证明以及安装验收的技术文件和资料。 收集特种设备的使用登记证，定期检验和年度检查。 编制特种设备及其安全附件、安全保护装置、测量调控装置及有关附属仪器仪表的日常维修保养记录。 保存特种设备运行故障和事故记录资料和处理报告
	人员培训	生产运行处	组织管理和操作人员进行取证
	投用运行	生产运行处	组织制订试运行方案
	维护保养	生产运行处	建立健全设备管理的使用制度定期进行评价并持续改进。 严格执行设备巡检制度，按照“十字作业”（清洁、润滑、紧固、调整、防腐）法做好设备维护保养工作
	检测校验	生产运行处	完成检测校验计划并报生产运行科备案，根据计划对在用特种设备开展检测校验工作。 委托检验单位开展压力容器年度检查
	信息录入与更新	生产运行处	将当年特种设备检测报告以及下一年特种设备检测计划录入 ERP 系统。 将特种设备使用状态及检测报告在 HSE 信息系统中进行更新。 将特种设备作业人员信息录入 HSE 信息系统

续表 5-2-2

特种设备	停用报废	生产运行处	使用单位自行封存停用设备
	调拨	生产运行处	原单位到当地质检部门办理申请办理注销，并将相关材料移交给接收单位；新接收单位重新按“注册登记”办理程序申请注册登记
安防设施及器材	配置、建档	交通消防科	提出配置、管理、使用的计划或建议。 建立作业区安全防护器材管理档案
	培训	交通消防科	组织安防器材技术培训考核，并留下相关记录
	检定标定	交通消防科	按照年度安防器材检定标定计划安排，组织相关单位对作业区安全防护器材进行定期检查、标定，对存在问题的安全防护器材及时安排维修或更新
	报废	交通消防科	对检定标定不合格的安防器材按照资产管理报废程序进行报废处理
管道完整性管理	数据收集	管道管理部	负责每年对所辖管线数据收集整合工作。 收集管道属性、管道环境、运行管理、检测评价修复等数据

5.3 生产任务和工作进度

5.3.1 生产任务

①通过对生产指令、生产计划（如配产配注计划、措施计划、检维修计划、动态监测计划等）及场站上报问题等信息进行分析处理，形成任务来源数据，在平台中可实现对任务来源数据的录入与查询，为下一步工作任务安排提供辅助决策支持（图 5—3—1）。

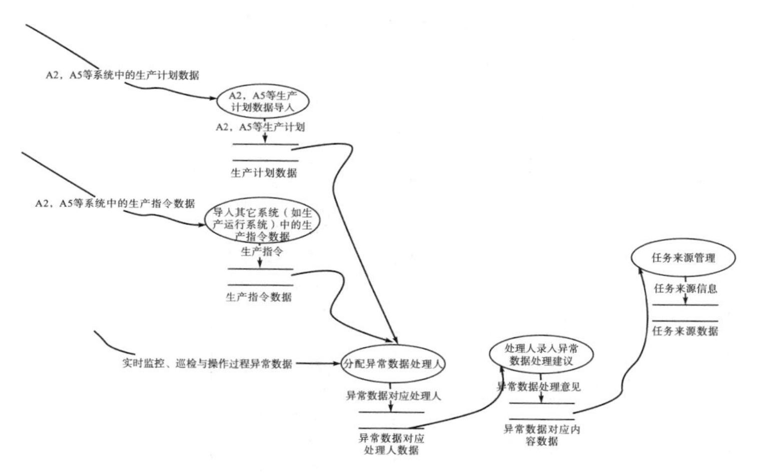

图 5—3—1　任务来源管理

②通过生产指令、生产计划、处置建议、分析结果，发起新的工作任务，并对这些任务给出处理建议，分发给专业技术岗进行任务分解，专业技术岗将任务分解到多个与基础体系匹配的操作单元提交给相关领导进行审核，通过审核的任务自动发送到对应井站作为井站工作的任务来源，没有通过的任务返回给专业技术岗进行任务修正（图 5—3—2）。

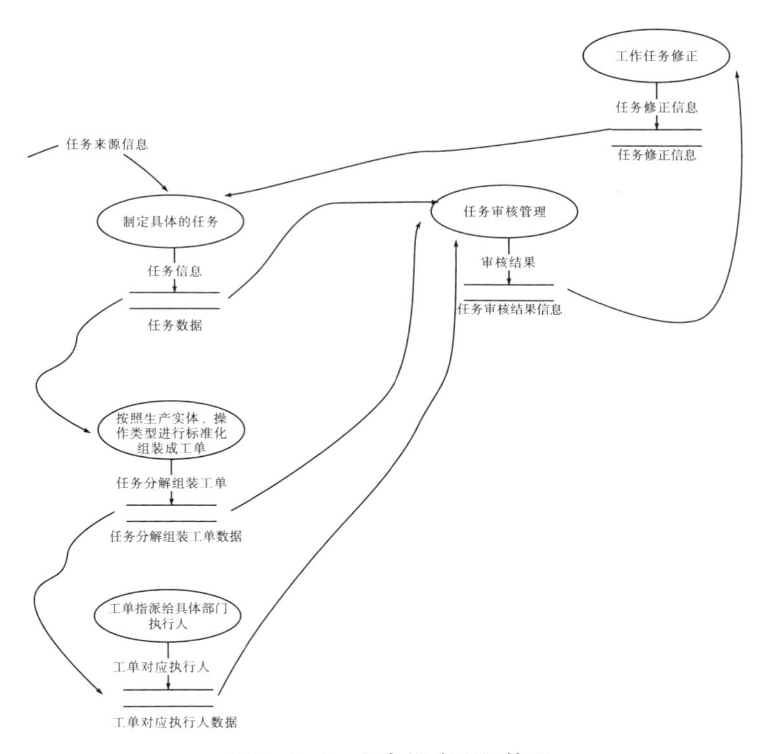

图5-3-2　任务调度组织管理

5.3.2　工作进度

①由专业技术岗进行任务分解指派，一线井站操作用户根据作业许可管理和物料管理流程进行作业许可和物资申请，经作业许可用户审批后根据作业许可管理流程进行作业条件准备、现场技术交底等工作并记录，如图5-3-3所示。

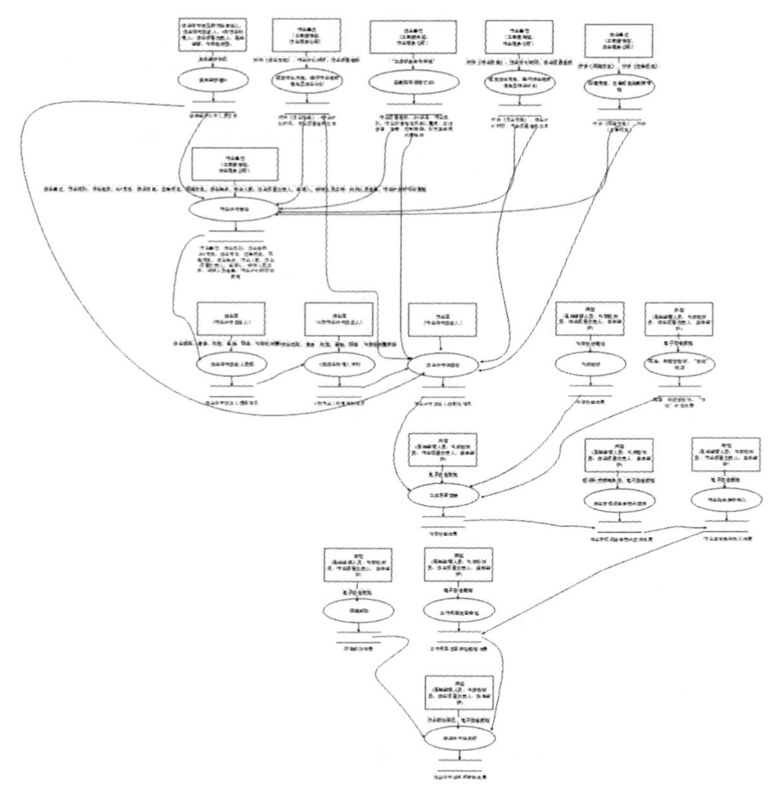

图 5-3-3　作业许可管理

②依据作业条件准备信息、井站工作任务信息和场站工作质量标准，选取相应操作表单，并选定对应的一线井站操作用户群，进行任务指派。一线井站操作人员通过工单信息推送接收工单信息，如图 5-3-4 所示。

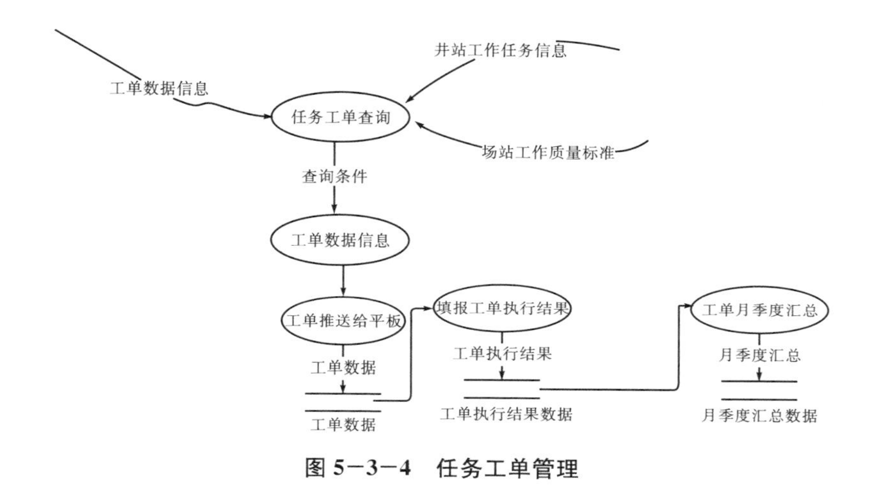

图5-3-4 任务工单管理

③实现管理用户群对任务过程监控和完成情况检查的任务监督。通过一线井站操作用户群移动设备的实时数据回传，实现作业情况实时查看功能，并通过查询条件，对已完成的操作记录进行检查，对已完成的任务在形成检查意见后上报调度室。任务组织调度用户群对已完成的任务进行完成情况检查，形成检查结果并发布执行情况统计数据，如图5-3-5所示。

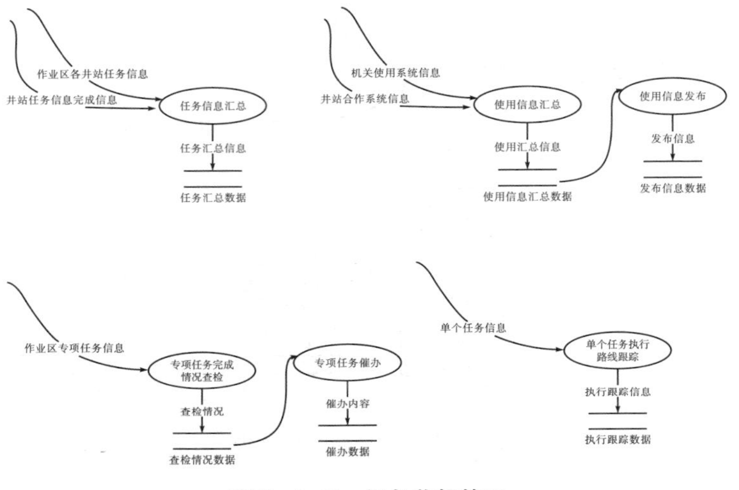

图 5－3－5　任务监督管理

5.4　现场业绩考核

5.4.1　建立考核机制和方法

建立考核机制和方法，实现作业区基础工作精细管理、量化考核：以基础工作规范化管理为基础，借助数据挖掘技术实现各类数据分析，通过专业图形数据一体化展示技术直观、全面地掌握工作情况，实现基础工作的可视化监督、数字化管理、精细化管理、多维度评价和可量化考核。

5.4.2　工作量化考核

根据工作质量标准、量化考核模型，对作业区及下属井站、个人的任务以月度、年度等考核周期对完成率、及时性等指标进行分类统计、井站间横向统计、井站纵向统计，为人员及班组的考核提供依据（图 5−4−1）。

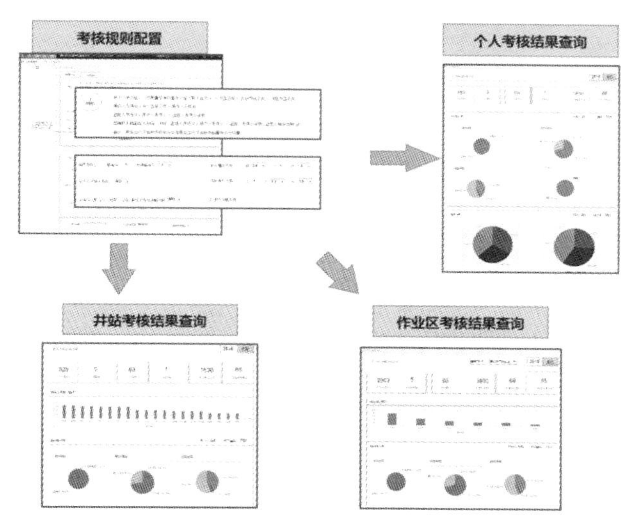

图 5−4−1　工作量化考核场景

工作业绩考核管理用户主要是按照公司开发生产基础工作标准化管理的要求对作业区基础工作进行工作考核管理的群体。主要包括开发管理部门基础工作管理科、油气矿开发科、作业区领导、综合管理岗四类用户。

开发管理部门、油气矿开发科、作业区领导、综合管理岗按照基础工作考核需要确定具体的考核标准，进行个人、班组、作业区间的横向和纵向的统计、对比、分析，并最终形成量化的考核结果。

第2部分

管理层面谋求智能化发展

智能化改变了我们的社会，行业被重新定义，商业模式和产品也被重新定义。随着油气田公司体制机制改革的不断深入，油气生产信息化成为助力新型油气管理建设的重要支撑和有效手段。依托现有信息化技术，结合“三化”建设推进情况，开展生产运行、风险管控、应急处置和跟踪评价的综合管控。“十四五”期间，优先完成区域建设，优化完善基础设施保障，持续开展各专业应用建设，着力打造智能化示范工程，构建覆盖“管理＋研究＋操作＋决策”的一体化协同工作模式。

6 管理层面的“数字化”

组织管理层面“数字化”工作规划方案编制是以公司“两化融合”体系贯标为指导，整体上依托开发生产管理平台、作业区数字化管理平台和油气生产物联网系统等工程项目建设。管理层面的“数字化”，需要从管理提升上支持操作层面的“三化”，纵向上涵盖“自动化生产、数字化办公、智能化管理”，横向上覆盖“业务层面、信息层面”。也称之为管理层面的“三化”。“三化”工作是开发生产管理领域的一项系统性工程。

6.1 什么是管理层面的“三化”？

组织管理层面“三化”概念与理解如图 6－1－1。自动化生产：核心是生产网对生产系统的实时监控与预测预警，建设完善以 SCADA 系统为核心的自动化监控系统，利用物联网智能感知识别技术推动设备设施状态、生产过程数据自动采集传输交互、生产管理系统自动化提示预报警与运行优化等，全面支撑生产“全过程全方位安全受控”。数字化办公：核心是依托办公网构建覆盖油气田开发全过程的满足公司、矿处两级应用（延伸至作业区）的业务管理应用平台，实现业务标准化、标准流程化、流程信息化、信息平台化，最终实现开发业务工作协同化、管理一体化、应用集成化，加快传统开发业务管理模式到网络化运行管理模式的转变，实现无纸化办公。智能化管理：核心是集成综合应用生产网、办公网数据信息，通过“两化融合”打造新型能力等工作，关键是开展二次组态与系统建模，推动智能化工具集成应用与定制开发，重点解决智能设备远程诊断专家系统建设、生产工艺系统与设备设施工况分析故障判断模型开发、生产数据与专业软件集成应用远程协同、开发完善数据库客户端工具实现生产与业务大数据挖掘应用等。

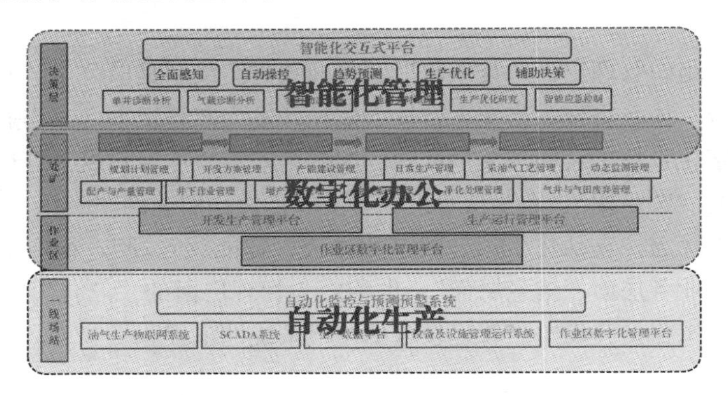

图 6-1-1　组织管理层面"三化"概念与理解

通过数据汇聚及数据共享，与专业软件集成应用，实现开发生产业务管理一体化，即业务标准化、标准流程化、流程信息化、信息平台化，支撑现场生产、科学研究、决策管理等工作高效协同，推动管理流程再造、促进生产组织方式转变，从而实现"自动化生产、数字化办公、智能化管理"，全面提升开发生产管理和科学决策水平。组织管理层面"三化"工作规划方案如图 6-1-2所示。

1. 整体实现"自动化生产"

①生产网向后延伸至各级管理部门；

②实现"数据自动采集、关键流程远程控制、安防情况实时可视化"；

③形成"气田区域监控、管网集中调配、公司/矿处集中监视"能力 。

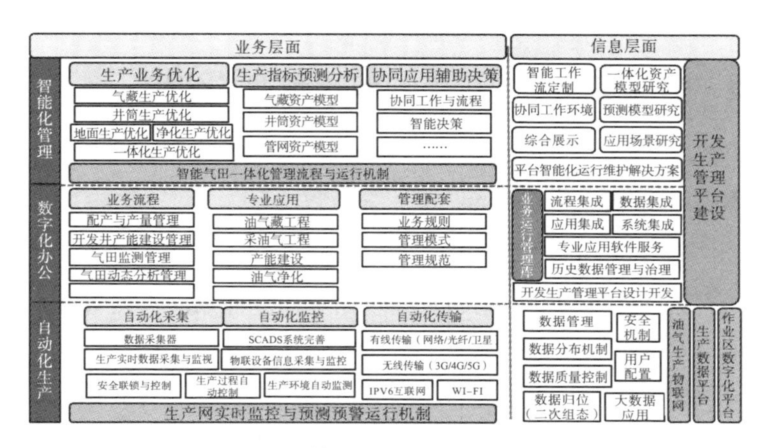

图 6-1-2　组织管理层面“三化”工作规划方案

2. 全面实现“数字化办公”

①办公网向前延伸至所有中心井站；

②初步建成数据集成服务系统，为勘探开发生产提供全面的数据服务支撑；

③形成公司、油气矿、作业区及班组各层级业务网络化运行的能力。

3. 局部开启“智能化管理”

①页岩气智能气田试点建设，建成超级物联网；

②探索 AR 智能巡检；

③页岩气上线智能化分析工作流；

④在开发生产领域打造以工作流驱动的智能化业务管理新模式；

⑤支撑一体化管控、优化决策、高效运营。

6.2 管理层面“三化”的现状和需求分析

6.2.1 现状

1. 规划管理

天然气开发规划包括中长期规划和年度计划。天然气开发规划是指导天然气开发和上中下游协调发展的重要文件，应按照股份公司规划管理有关规定，根据股份公司天然气发展战略，依据资源、市场、生产和输气能力、多气区联动供气等因素进行上中下游综合平衡制定。包含：天然气开发中长期规划、天然气开发年度规划、天然气月度生产计划。

2. 开发方案管理

开发方案包括总论、市场需求、地质与气藏工程方案、钻井工程方案、采气工程方案、地面工程方案、开发建设部署与实施要求、健康安全环境评价、风险评估、投资估算及经济评价等。

①地质与气藏工程方案：主要内容应包括气藏地质、储量分类与评价、产能评价、开发方式论证、井网部署、开发指标预测、风险分析等。通过多方案比选，提出推荐方案和两个备选方案，并对钻井工程、采气工程和地面工程设计提出要求。

②钻井工程方案：以地质与气藏工程方案为基础，满足采气工程的要求。

③采气工程方案：以地质与气藏工程方案为基础，结合钻井工程方案进行编制。

④地面工程方案：地质与气藏工程、钻井工程、采气工程方案为依据，按照“安全、环保、高效、低耗”的原则，在区域性总体开发规划指导下，结合已建地面系统等依托条件进行编制。

建设及部署实施要求：开发方案应按照“整体部署、分期实施”的原则，提出产能建设步骤，明确各年度钻井工作量和地面分期建设工程量，为年度开发指标预测和投资估算提供依据，并对产能建设过程中开发井钻井、录井、测井、完井、采气、地面集输、净化处理、动态监测、气田开发跟踪研究等工作提出具体实施要求。

健康安全环境评价：是开发方案中的重要组成部分。主要内容包括健康安全环境的政策与承诺；各种危害因素及影响后果分析；针对可能发生的生产事故与自然灾害，设计有关防火、防爆、防泄漏、防误操作等设施；针对产能建设和生产对健康安全环境的影响，应明确预防和控制措施；提出健康安全环境监测和控制要求；编制应急预案；根据有关规定设计气井、站场和管道的安全距离并编制搬迁方案。

风险评估：主要指对方案设计动用的地质储量规模、开发技术的可行性、主要开发指标预测以及开发实施与生产运行过程中可能存在的不确定性进行分析和评估，并提出相应的削减风险措施。

投资估算与经济评价：采用股份公司建设项目经济评价方法，对地质与气藏工程方案及相应的配套钻井工程、采气工程、地面工程、健康安全环境要求以及削减风险措施等进行投资估算和经济评价，为开发方案优选提供依据。经济评价对比的主要指标包括投资、成本、投资回收期、财务净现值和内部收益率等。

3. 产能建设管理

开发方案须经批准并列入产能建设项目投资计划后，方可开展产能建设。开工前必须取得相应环保部门对环评文件的批复。产能建设的主要任务是按照开发方案要求实施建井和地面工程建设，做好投资控制，建成开发方案设计的配套生产能力并按时投产。

公司地质、钻井、完井、测录井、试油、采气、地面工程以及生产协调等部门，应按开发方案要求，制定本部门的产能建设具体实施工作细则，并严格执行。

4. 生产动态统计

生产动态统计是为了实现对气田宏观生产动态运行变化的宏观掌握，包括气田整体的产量运行、作业运行及钻井运行。

气田的生产经营活动围绕天然气的产运销进行，掌控每天产运销运行变化及天然气生产计划完成是宏观掌控气田动态生产变化的基础。天然气产运销运行包括：天然气产运销每日运行指标动态变化；天然气生产每日阶段计划完成；天然气生产月度、旬度、半年阶段计划完成；天然气日处理净化指标动态变化；天然气导输气运行及计划管理。

天然气作业井运行是对天然气大小修井下作业、措施作业及监测作业的动态管理，其中包括每天作业井数、阶段作业完成统计及作业施工队伍的统计管理。

天然气钻井运行统计是实现对气田钻井运行的宏观掌控，其中包括每日的钻井井数、钻机情况、井号、进度的统计，还包括阶段进尺、计划完成、完井及投产井的统计。

5. 气藏工程管理

气藏评价和气藏开发过程中，深化气藏认识，搞好气藏地质与气藏工程方案设计和实施，做好动态监测和跟踪，把握气田开发趋势，搞好气田开发调整，确保气田取得好的开发效果。气藏工程管理内容包括：气藏评价、地质及气藏工程方案编制、方案实施跟踪分析及调整、气藏开发动态监测、开发过程管理。

气藏评价阶段开展的气藏地质与气藏工程研究，主要内容包括气藏地质特征描述、地质模型建立、储量评价、储层渗流物理特征、试油试采动态特征及产能评价等。

地质及气藏工程方案编制主要内容包括气藏地质、储量评价、开发原则、开发方式、开发层系、布井方式、气井配产、采气速度、开发指标预测、风险分析等。通过多方案比选，提出推荐方案和两个备选方案，并对钻井工程、采气工程和地面工程设计提出要求。

气藏开发动态监测是制定开发动态监测方案，建立监测系统。主要包括压力、温度、产量、生产剖面、流体性质与组分、油气水界面和边界的监测。工作内容包括：年度动态监测设计方案编制及实施；气井试井；特殊油气藏动态监测；井流物产出量及生产剖面监测；流体性质及组分监测；油水界面监测。

开发过程管理主要内容包括产量管理、动态分析、开发调控、储量动态管理、气井与气田废弃以及开发资料管理。产量管理包括产能核实、气田与气区配产、应急供气预案。气藏阶段动态分析内容包括：气藏地质特征再认识与气藏地质模型修正、储量动用状况、剩余储量分布及开发潜力分析、边底水活动情况、开发技术政策的适应性、开发趋势及预测、方案设计指标符合程度及开发效果评价、开发经济效益评价、开发存在的主要问题、调整对策与措施等。开发调控是改善气田开发效果的重要手段，应根据气田不同开发阶段（上升期、稳产期、递减期、低产期）的特点，分别确定调控重点和措施。气藏储量实行动态管理，包括储量复算、储量标定和储量核销。

6. 采气工程管理

采气工程是天然气开发的重要组成部分，与气藏工程、钻井工程、地面工程有机结合，依靠科学管理和技术进步，实现气田安全、高效开采。

采气工程管理主要包括：采气工程规划管理、开发前期工艺研究与试验、采气工程方案、完井与投产、采气生产管理、气井作业管理、技术创新与应用、质量控制、“健康、安全、环境”。

7. 地面工程管理

气田地面工程是气田开发的重要组成部分。气田地面工程管理包括气田地面工程总体规划、气田地面工程建设、气田地面生产管理、老气田地面工程改造、气田地面工程科技创新等。

6.2.2 需求分析

1. 自动化生产需求

自动化生产方面的主要业务需求是利用数据采集与传输、物联技术、信息通信技术、三维地理信息技术等手段实现SCADA系统、信息化辅助系统、通信系统等系统功能的不断完善。

通过生产实时数据、视频监控数据的集中展示，实现生产现场的远程实时监视。

通过生产实时数据及其派生数据的综合应用，实现报表的自动生成、生产异常情况的自动预警等功能。

形成生产站场、集输气管网运行动态的仿真模拟，对生产、工艺、设备等异常情况进行分析纠偏；对腐蚀系统数据自动采集，通过分析优化防腐方案，实现生产全过程全方位安全受控。

需要实现自动化的应急指挥系统，在现场出现异常情况时，通过调用各类周边应急支援信息，自动优化应急方案，达到应急处置准确、及时、高效。

2. 数字化办公需求

数字化办公方面的业务需求主要是对集团公司和公司统建系统的深化应用，尽量发挥统建系统的所有功能，并根据气矿实际情况提出系统改进升级的实用性建议。

同时，需搭建气矿信息化专业平台，建立气矿数据服务中心，打通各专业应用系统数据通道，解决数据重复录入、分散存储的问题，保证各业务数据的唯一性、准确性，实现数据集成共享，同时大力推广系统移动终端应用，全面支撑各业务深化应用。

3. 智能化管理需求

智能化管理方面主要需要对设备的动静态数据进行深化应用，根据大数据统计，设置模拟异常工况条件，实现设备预测性维护。

需要建立气井生产模型，对重点生产井（气水同产井）生产动态分析资料进行深化应用，利用以往开井复产参数为基础开展模拟分析，根据当前气井状态进行智能分析，快速提供开井复产关键控制参数，形成气井生产模式的辅助决策支撑。

需要建立集输管网智能化模型，根据生产情况变化自动优化调整地面系统集输运行模式，形成地面系统运行调整的辅助决策支撑。

4. 管理层面业务需求汇总

在组织管理层面，结合气矿气田开发中后期的生产特点，为提升气田开发生产管理水平，在生产管理自动化生产、办公效率的提升、智能化管理应用等方面有以下需求，见表6-2-1。

表6-2-1 组织管理层面“三化”需求

序号	类别	项目需求	具体需求内容
1	自动化生产	三级调控管理强化	对气矿现有调度系统进行持续优化，将调度室改造为调度指挥中心；对调度指挥中心大屏显示系统和调度中心控制组件更新换代，完善相关功能，满足自动化生产需要
2		生产数据深化应用	建立站场、管网仿真模型，实现生产状况趋势分析，提前预判各类生产异常情况并纠偏；对腐蚀系统数据自动采集分析，优化防腐方案，实现生产全过程全方位安全受控
3		无人机系统功能拓展应用	无人机操作人员能在外地操作生产现场无人机，实时进行巡检、应急处置、抢险救援等功能
4		管道光纤预警系统应用	安装管道光纤安全预警系统，提前检测管道周边震动情况，实时检测管道周边环境，防止第三方施工
5		应急指挥系统完善	搭建多方协调的应急指挥系统，根据周边应急支援信息，自动优化应急方案

续表 6-2-1

序号	类别	项目需求	具体需求内容
6	数字化办公	自建系统数据整合及应用功能集成	根据气矿业务部门的业务需求，结合气矿信息化专业平台的现有业务功能，建立完备的业务框架、详尽的管理流程，集成自建系统业务，包括电子巡查、隐患管理、大修管理、信息平台、微信平台、电子沙盘、应急指挥系统、检维修管理等。 利用自建系统、SCADA 系统、物联网系统的数据资源，构建统一技术规范、接口标准、数据标准的数据中心，为各类生产及办公平台、统建系统提供数据源
7		设备全寿命周期管理	通过对设备前期选型、采购、安装、调试、验收、后期设备基础管理、运行管理、检维修管理、故障管理、技术报废等流程和资料梳理和搜集，实现设备全寿命周期系统化、信息化管理
8	智能化管理	压缩机预防性维护	以预防压缩机组故障为目的，通过对设备的检查、检测、参数变化趋势分析，提前发现故障征兆，提前干预避免故障发生
9		气井生产方式智能化方案支撑	对重点气井建立生产模型，并根据实时气井状态智能分析，提供关键控制参数，形成气井生产方式辅助决策支撑
10		集输系统运行模式智能化支撑	建立集输管网智能化模型，根据生产情况变化自动优化调整地面系统集输运行模式，形成地面系统运行调整的辅助决策支撑
11		隐患智能管理分析	对排查出的隐患自动进行归类整理、分析其问题产生的原因，针对人员培训、维护管理、采购质量等原因形成统计报告，推送至对应业务管理部门帮助管理提升

6.3 管理层面“三化”工作部署与实施策略

充分发挥业务主导和研究机构支撑作用，深入分析面临的形势和任务，认真研究公司发展潜力和挑战，强化规划目标和方案论证，细化工作部署，落实改革创新、运行保障、组织协调等保障措施，为公司拟定切实可行、持续有效发展的工作部署和实施策略。

6.3.1 工作部署

组织管理层面近三年部署方案见图 6—3—1。其部署原则为：推广升级，建立机制，整合环境，智能应用。

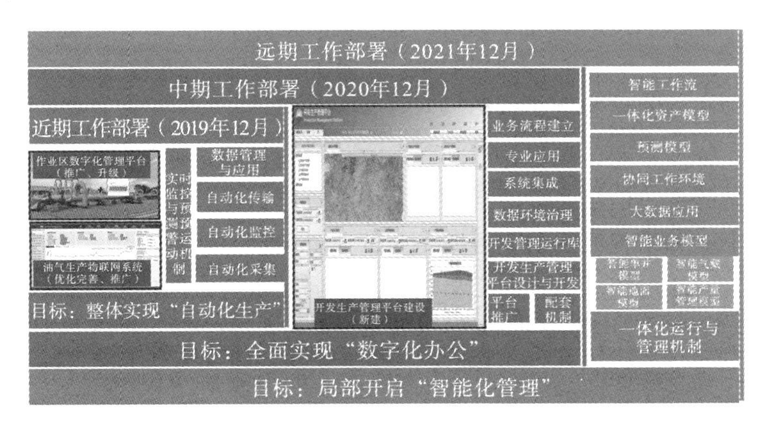

图 6—3—1　组织管理层面“三化”部署方案

6.3.2 实施策略

遵循“整体评价、整体规划、分列资金渠道、滚动分期实施”的工作思路，按照“分轻重缓急”“实施一年，落实三年”和“滚动立项”的原则，通过各种渠道立项逐步解决制约自动化生产、数字化办公、智能化管理和无人值守管理模式推进存在的问题、隐患和短板。

①以油气生产物联网建设完善、作业区数字化管理平台为依托，促进业务流程再优化、基础管理再加强、体制机制再创新，实现一线班组、作业区机关层面关键业务流程全过程数字化管理。通过作业区数字化管理平台不断优化完善配置执行过程要求，操作工单达到定点、定时、定标准执行，实现一线班组“上标准岗、干标准活”；实现故障隐患上报、分析、派工、整改全过程数字化管理，提高问题处理效率；管理人员通过平台自动统计的数据，定期对任务完成情况进行大数据分析，查找薄弱环节并制定针对性措施，优化工作任务安排，提升应用效果，满足油气矿作业区的全面数字化需求。

②以 AR 增强现实技术、机器深度学习、大数据分析、设备/仪表自动识别、人脸识别、机器人巡检等先进技术为载体，实现生产现场智能化管控。

③按专业、流程、时间等多方位进行梳理，通过整合油气田公司的统建信息系统、自建信息系统资源，整合业务流程，打通各个业务系统之间的业务壁垒，从业务角度上实现应用系统横向整合，通过统一流程中心集成待办，弱化系统之间的隔阂。

④生产实时数据映射（生产网→办公网）准确率达到100%。持续开展组织对油气矿在生产的信息化场站的实时数据治理工作，确保生产数据在现场－RCC－DCC－数据平台 4 个层级准确一致，为后端应用系统、在线办公提供准确、实时、完整的数据应用基础。

⑤建设移动应用 App。以 PC 端与移动端相结合的方式，实现应用系统移动应用化，强化工作流程，推进数据有效流转、高效共享，为员工提供一个高效的协同办公平台、学习平台、信息获取平台。

⑥以开发生产管理平台建设为依托，建立贯穿开发生产管理全过程的综合应用，支撑开发生产管理。

6.4 管理层面“三化”的技术架构

技术架构以公司统一的SOA技术平台架构为参照，从下向上划分为数据源层、数据管理层、应用服务层、流程配置层、用户层等5个层次。数据源层将借助于DSB服务总线，集成生产运行管理系统等作业区相关数据；数据管理层借助于主数据、元数据等技术，实现作业区全业务范围数据的统一管理；应用服务层按照SOA规范将业务应用进行服务的拆分和组装；流程配置层通过BPM技术，针对用户管理需求，实现灵活的流程配置；用户层借助于统一的门户管理技术，实现用户桌面的定制和高效应用。

数据源层：通过油气田公司构建的SOA技术平台中的DSB产品，获取发布在DSB服务总线上来源于A1、A2、A5、A11、井下作业管理系统的专业数据；通过基于SOA架构的数据访问框架，统一安全认证，提供组件化动态配置，实现数据持久化透明及数据缓存机制，为应用服务层封装了Web Service服务接口。

数据管理层：通过油气田公司建设的SOA技术平台中的企业服务总线发布、管理、消费企业应用数据服务，对数据来源服务进行管理监控。利用SOA技术平台中的主数据管理系统和元数据管理系统对各业务系统提供基础公共数据支撑。

应用服务层：基于公司SOA技术平台的统一架构体系，服务组件层依赖于数据服务层提供的基础数据服务，对系统业务功能进行业务逻辑封装组合。系统中主要的专业应用服务包含：基础信息维护服务、移动应用支持服务、任务组织管理服务、任务过程管理服务、任务监督考核服务这几大类应用服务；同时结合系统中所必需的公共技术服务组件实现整个系统基于 SOA 架构体系设计的业务逻辑实现。在服务管理方面遵循统一的约束，如实体命名契约、参数化查询契约、分页配置契约、动态参数契约、常规服务契约等。

流程配置层：依据统一的 SOA 技术平台开发技术标准，基于数据服务拆分和应用拆分功能设计，实现细粒度功能组件开发和功能复用，实现系统开发和应用模块灵活定制；服务组件按照一定的颗粒度划分、服务组合设计，结合业务流程管理 BPM 产品，对业务服务进行流程组合，满足系统用户对工作流程管理的需求。

用户层：提供了用户使用系统的界面，为用户提供访问入口、登录窗口、图形显示、导入导出等功能。系统前端展现层根据前后台的通讯规约及前台开发统一的通讯模块，须完成数据封装（含加密编码）、数据解封（解密、解编）、异常处理、异步回调处理（基于服务级别的异步机制）、Comet 等公共处理功能，提供透明的数据通信接口。

根据作业区数字化管理平台 2.0 业务需求范围的变化，技术架构中的应用服务层根据需求范围增加 QHSE 管理相关应用服务，具体应用服务如下：风险管理、责任落实、目标指标、信息沟通、设备设施、生产运行、作业许可、职业健康、环境保护、变更管理、应急管理、事故事件、监督检查。

根据作业区数字化管理平台 2.0 流程的新增及优化，技术架构中的应用服务层根据流程范围的变化（图 6—4—1），在 1.0 基础上增加作业许可管理、变更管理、用车管理、日常事务、场站准入管理流程，对分析处理、属地监督、危害因素辨识流程进行优化，目前总计 13 个流程，具体流程如下：巡回检查、常规操作、分析处理、维护保养、检查维修、变更管理、属地监督、作业许可、危害因素辨识、物料管理、日常事务、用车管理、场站准入管理。

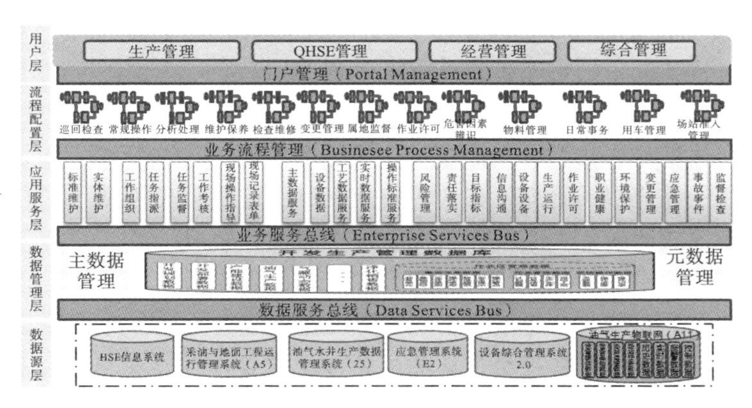

图 6-4-1　作业区数字化管理平台技术架构

6.5　管理层面“三化”的达成效果

1. 在自动化生产方面

不断完善气田“云、网、端”的基础设施配套建设，充分运用成熟的工业控制、视频安防、网络通信技术，狠抓自动化设备设施运维工作，确保工作执行到位，应急处置及时有效，实现气田全天候安全平稳生产。达成效果为：

①设备系统效率分析、改造、维护提供依据的地面生产动态数据管理。

②集输系统集输生产运行计划、腐蚀监测计划、检维修计划等计划的编制、审核、下达管理。

③油气集输系统中管线运行状态、集输设备运行状态、系统腐蚀状况、设备保养维护、管线完整性的日常动态分析。

④自动预警提醒管理：根据生产实时数据及定期监测数据

等，通过系统各种模型自动计算，得出提醒结论：如清管、压力容器定期检验、重点设备维护保养周期、检维修周期等。

2. 在数字化办公方面

依托办公网构建覆盖油气矿开发全过程的满足公司、气矿、作业区、中心井站四级应用的业务管理应用平台，实现业务标准化、标准流程化、流程信息化、信息平台化，最终实现开发业务工作一体化协同管理，加快传统开发业务管理模式到网络化运行管理模式的转变，实现无纸化办公。达成效果为：

①按专业、流程、时间等多方位进行梳理，通过整合公司的统建信息系统、自建信息系统资源及业务流程的整合打通各个业务系统之间的业务壁垒，从业务角度上实现应用系统横向整合，通过统一流程中心集成待办，弱化系统之间的隔阂。

②生产实时数据映射（生产网→办公网）准确率达到100%。持续开展组织对油气矿在生产的信息化场站进行实时数据治理工作，确保生产数据在“现场－RCC－DCC－数据”平台4个层级准确一致，为后端应用系统、在线办公提供准确、实时、完整的数据应用基础。

③建设移动应用App。以PC端与移动端相结合的方式，实现应用系统移动应用化，强化工作流程，推进数据有效流转、高效共享，为员工提供一个高效的协同办公平台、学习平台、信息获取平台。

3. 在智能化管理方面

实现数据集成共享应用、专业软件的集成与应用、系统功能模块的灵活定制、系统应用的多样化展示，进而实现应用集成化、工作协同化、功能模块化、管理一体化，加快传统的开发生产业务管理模式到网络化运行管理模式的转变进程，提高开发生产管理水平和科学决策能力，实现信息化与油气田主营业务深度融合，推动作业区业务“岗位标准化、属地规范化和管理数字化”，最终实现开发业务自动化生产、数字化办公、智能化管理。达成效果为：

①生产与经营管理：在数字化气田建设完成后，将形成两个闭环的流程见图6－5－1，实现生产管理与经营管理的完整结合。在生产管理闭环中，科研部门根据生产情况制定勘探开发方案，提交管理者决策，管理者根据科研与生产情况做出勘探开发决策，向生产管理部门下发执行方案，生产管理部门执行生产任务，科研部门进行动态跟踪研究，及时提出生产管理调整建议；在经营管理闭环中，经营管理部门根据生产情况制定经营方案，提交管理者进行经营管理决策，生产管理部门根据经营管理决策指导生产管理，经营管理部门动态跟踪生产情况，及时提出经营管理调整建议。以满足油气矿主营业务需求为目标，以应用整合、集成创新为手段，通过生产管理闭环及经营管理闭环的应用实现全业务覆盖、全过程支持、业务环节紧密衔接、生产经营高效协同。

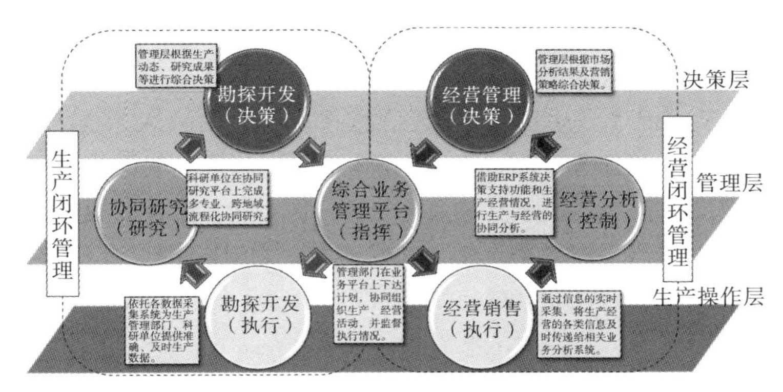

图6－5－1　生产与经营管理两个闭环数字化支撑愿景

②科研协同：科研协同之前，研究人员所需数据来源多样，收集、整理、加载数据工作量巨大，研究院（所）、项目组、研究人员间在相同研究项目中使用的研究软件种类较多，软件间数

据交换困难，人工组织成果和制作成果报告困难，研究成果共享的及时性差。科研协同之后，研究数据自动推送，研究工作在统一的项目环境中开展，研究软件较为统一，研究成果动态更新并及时同步到数据整合集成平台，实现“数据共享、成果继承、效率提升、决策精准”。科研协同效果对比图如图 6-5-2 所示。

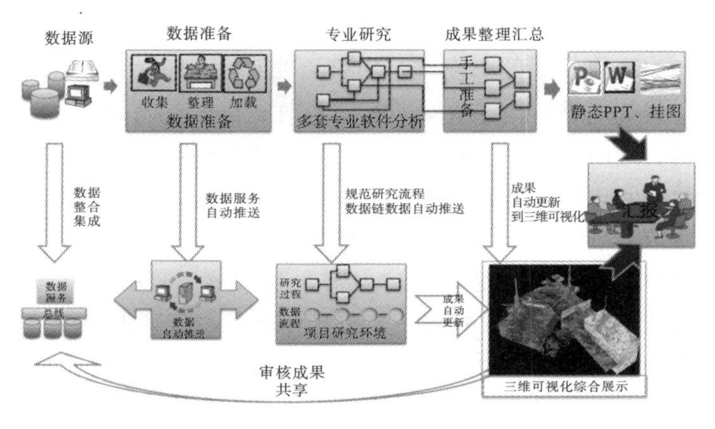

图 6-5-2　科研协同效果对比图

③一体化协同工作：通过集成整合信息技术资源，借助已有的 SOA、BPM、物联网、GIS 信息技术，并引入大数据分析、人工智能、机器人、AR/VR 等新技术，构建智能气田一体化协同工作生态环境，高效支撑业务管理协同，稳步实现智能生产优化应用，最终形成“生产作业实时优化、研究分析工作智能化、管理决策流程自动化”的应用场景。

7 自动化生产实现安全生产全面受控

自动化生产方面的主要业务需求是利用数据采集与传输、物联技术、信息通信技术、三维地理信息技术等手段实现 SCADA 系统、信息化辅助系统、通信系统等系统功能的不断完善。

7.1 强化调控管理

十余年来，公司上游业务信息化取得了重要进展。在开发生产领域已建成的相关系统有：集团公司统建的油气水井生产管理系统（A2）、勘探与生产技术管理系统（A1）、采油与地面工程运行管理系统（A5）、油气生产物联网系统（A11）、地理信息系统（A4）等，形成了公司高价值专业数据资产，为生产、科研管理提供准确、及时、全面的数据支撑服务。

同时油气田结合了自身特点，先后建成了管道和场站管理系统、录井专业数据库系统、生产运行管理系统等自建系统，开展气藏数字化气田示范工程建设，实现了融数字化气藏、数字化井筒、数字化地面为一体的综合管理信息平台，开展安岳气田油气生产物联网（A11）示范工程建设，利用物联网技术，建立公司规范、统一的井、场站、作业区、处理厂数据管理平台，实现了现场管理模式创新。这些自建系统的实施和应用，有效支撑了气田的信息化建设，提升了油气田公司开发生产管理效率。

通过生产实时数据、视频监控数据的集中展示，实现生产现场的远程实时监视。通过生产实时数据及其派生数据的综合应用，实现报表的自动生成、生产异常情况的自动预警等功能。

形成生产站场、集输气管网运行动态的仿真模拟，对生产、工艺、设备等异常情况进行分析纠偏；对腐蚀系统数据自动采集，通过分析优化防腐方案，实现生产全过程全方位安全受控。

在现场出现异常情况时，通过调用各类周边应急支援信息，自动优化应急方案，达到准确、及时、高效地实现自动化应急处置的应急指挥系统。

1. 云部署

基于云计算技术，对勘探开发相关的专业应用和系统进行云化管理，实现软件资源和硬件资源的集中管控，对业务用户以“服务”方式提供软件及硬件资源的使用，实现资源的集中管理，提高资源利用率，提高业务效率，降低建设成本，降低维护费用；支持跨地域、跨部门、跨层级、跨专业用户协同研究与生产。

2. 移动应用

移动应用技术的发展，为油气行业内信息的有效传递、业务的及时沟通和管理的实时掌控提供了高效有力的保证，通过搭载移动互联网可以完成统一的油田移动管理平台，真正实现移动办公、生产管理、生产现场数据采集等应用。

3. 物联网技术

通过无线或有线的通信网络，将无处不在的终端设备和设施实现互联互通和应用集成，实现实时在线监测、定位追溯、报警联动、调度指挥、预案管理、远程控制、安全防范、领导桌面等管理和服务功能。

4. 大数据应用

海量数据储存技术的发展对于油气行业以 TB 数量级计算的数据分析提供了应用基础，主要应用领域有地震勘探与数据处理、地质解释、设备管理、油藏模拟、三维 GIS 等。并行计算和虚拟化服务器平台的应用，缩短了油气行业大规模数据处理分析的时间，提升了工作效率。

7.2 深化数据应用

公司以数字化气田规划确定的SOA技术架构为核心，搭建的数据整合与应用集成平台由三个子系统组成，分别是SOA基础工作平台、主数据管理子系统、元数据管理子系统。平台建立了基于元数据管理的虚拟逻辑整合数据库，通过软件开发和应用集成规范的编制与落实，实现多系统的应用集成。在架构方面，数据整合与应用集成平台能为系统建设提供主数据统一、数据服务集成、应用服务集成的基础技术支撑，使得系统可以充分利用已有系统的建设成果，避免系统重复建设，打破信息壁垒，提高数据的开发利用率。主数据管理子系统利用主数据管理系统对各设备系统的组织机构数据提供基础公共数据支撑，确保数据主编码的一致性和及时性。

7.2.1 勘探生产数据资产价值提升需求

1. 强化数据资产化管理，确保系统数据正常化

油气勘查面临的数据是多源、多种类、多主题和海量的数据。不同的数据类型和数据模式不能方便输入，给实际应用中数据的初始化带来一定困难，造成数据处理和智能模型建立过程的复杂化和低效化。通过项目计划管理精细化、动态化、跟踪化；项目执行加强组织、跟踪、质量审核；技术层面平台优化、数据质量控制，建立考核与发布机制，实现数据正常化管理提升。

2. 专家知识模型化助力勘探科研协同

通过“定性描述到过程量化、地质理论到数学模型、文字图形到三维可视”的方法，实现隐性知识到显性知识的转变、个人想法到团队认识的转变、专家知识到形成行业思维框架的转变。

将专家经验、历史资料和研究成果进行定量化、模型化、可视化。

将定量化、模型化、可视化知识在科研人员间建立横向流程协同，实现针对同一研究主题的决策过程能够在多学科分析中快速流转，促进理论认识不断迭代提升，并在纵向上建立信息快速流转机制，实现勘探施工－地质研究－勘探管理－勘探决策全过程的信息实时、全面传递。

3. 智能技术助力充分挖掘海量历史数据

对于油气勘探中的复杂信息，需要遵循从低级到高级、从简单到复杂、从分散到聚集的原则，对收集到的历史数据信息做更深入的分析，从而获取到更多准确有效的地质信息。在数据的应用过程中，构建油田数据挖掘平台，利用各种数据挖掘技术，对历史数据信息进行归类整理，找到数据规律，对未来数据做出预测性分析，快速地挖掘出有价值的地质信息，为后续的勘探信息研判提供帮助。

4. 实时获取探井操作现场数据助力及时决策

油气勘探的及时决策需要以“人”为核心，综合信息、知识、工具与方法，形成高效的目标解决方案。依托于油气勘探探井操作现场情况和历史信息支撑，勘探及时决策中心需要具有以下 3 个特征：

①场景实时动态支持：实现勘探最新的生产动态、研究动态、流程变更等信息实时反映到决策中心，保证决策的针对性。

②智能交互分析：通过提供不同粒度的预测模型、预警模型、决策模型，提供三维交互分析环境，促进复杂问题的简单化与清晰化。

③团队的智慧协作。通过多学科协同、沟通和交流技术等信息交互技术的设计，实现从个人决策到团队决策的转变，使个人的智慧形成团队的智慧。

7.2.2 开发数据治理

现有系统和数据对业务的应用提供了重要的数据支撑，同时数据治理层面也存在诸多薄弱环节和提升的需求，具体表现在以下方面：

1. 综合集成，提高数据采集的效率

在不同时期，根据业务需要分散建设了多套系统，各系统需求不同、模型各异，大多数系统的数据录入由作业区技术人员完成，而真正的数据来源于场站一线人员，采集方式有大量现场手工抄录，电子化后上报的方式。公司生产数据管理平台目前只为A2、A5、生产运行等系统提供了数据服务，数据服务的覆盖率相对较低，且系统内依然存在部分数据需要作业区技术人员手工录入的现象。在这一过程中，存在重复采集、重复录入，且各系统间还存在数据重复、不一致，未形成统一数据资产，严重制约了数据应用。

在公司主数据模型基础上，结合实际业务需求，扩展形成覆盖全业务域的数据模型。打通与统建和自建系统数据通道，实现各专业数据入口唯一，解决重复采集、分散存储的难题。最终整合形成完整的数据资产，支撑数据的“采、存、管、用”一体化，充分发挥数据资产价值。生产运行数据传输示意图见图7-2-1。

2. 深化数据应用发，发挥数据价值

数据对业务管理过程的支撑力度不够，还不能有效实现业务管理的网络化运行模式，业务用户利用较多的功能是浏览、查询，而业务互动的功能还很少；还不能支撑多专业多部门的协同应用的需求，一体化资产模型数据处于空白期；尚未打通研究、生产的数据通道，数据的应用还偏重于生产的日常管理。需要结合业务技术、管理需求，按照测点数据查询、业务指标计算、业务集成模型查询、油气专业可编辑计算工具包、大数据统计分析、大数据建模工具六个层次，开展数据深化应用。

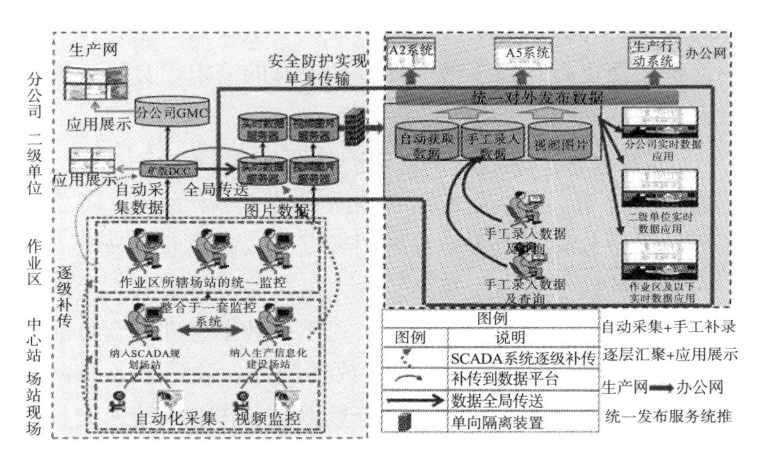

图 7—2—1　生产运行数据传输示意图

3. 加强数据管理机制建设和数据标准建设，提升数据质量

数据管理团队侧重于信息技术支持，业务部门的数据需求反馈缺少长效机制，公司具备相关的数据管理规章制度，但规章制度相关内容落地困难，无法有效地指导数据管理业务的高效开展。数据考核机制较弱，数据考核力度有限，需要加强业务与信息相互配合，建设业务主导、信息支持的数据管理团队，做到业务流与数据流的有机结合。制定公司明确的数据管理规章制度，制度覆盖从岗位到职责、从操作到应用等详细的数据管理内容。构建有效的数据管理考核机制，与业务有效绑定，实现数据管理与绩效的挂钩。

目前勘探开发系统众多，缺乏统一的数据标准是制约数据自由流动的技术瓶颈。例如存在数据定义不统一、标识格式不统一、行标参照不统一、服务接口不统一等问题。面向智能油气田的“数据标准”建设，是统揽全局的基础工程，需要独立于信息化系统建设来筹划。

进行数据中心建设，首先是提高六项能力：一是更快、更有效地组织、传递信息的能力；二是整个公司内的信息一体化管理能力；三是实现数据输入/输出格式的标准化，保证信息在全公司内畅通无阻的能力；四是实现全公司范围内分布存储数据的集中管理，确保为综合研究提供准确数据的能力；五是建立完善的、能够充分体现数据价值的、支持业务决策工作流程的能力；六是合理调整应用软件，尽量做到应用软件与数据管理无缝连接的能力。其次是实现四个转变：数据由传统逐级汇总向数据源头一次采集、授权共享转变；数据应用由传统的通过数据接口实现数据共享向基于数据中心数据共享转变；数据由分专业部门组织向企业组织转变；专业应用由单专业孤立工作模式向跨专业协同工作模式转变。

7.3 完善相应控制系统

随着公司天然气业务的快速发展，公司产销规模持续扩大，生产调度运行管理更趋复杂，现行的以管理人员个人经验为主导的生产调度模式难以适应新形势下的发展需求。需要建立天然气运行调度一体化生产指挥中心，满足集中管控、集成共享、高效指挥调度等需求，形成以“智能显示+智能互动+可视化显控”为基础的智能生产指挥系统，高质量展示公司未来天然气业务大发展的宏伟场面。

公司正经历快速上产的关键时期，骨干管网年输气量超过百亿方，管网调控日趋复杂。但目前公司骨干输气管网仍采用“逐级下达指令，站场操作控制”的分散调控模式，且部分场站关键控制功能缺失，系统自动控制与安全保障水平不足，协同调度与应急指挥能力有待提高。需要在管网 SCADA 系统/生产信息化的基础上，实现集中调控、分区管理。

2020 年 6 月全面上线的 2.0 平台通过“PC 端+移动终端”联合运用，借助 AR 与 VR 技术，作业区数字化管理平台覆盖了作业区基层业务管理的常规工作，将风险控制点植入操作步骤，强化安全意识的输入；工作质量标准的运用，实现操作步骤步步确认，实现操作技能有效输出。

在平台 1.0 和 2.0 的基础上，针对管理层面“三化”要求，平台 3.0 项目主要是在数据的汇聚和数据的发布两个方面进行设计，拟将作业区数字化管理平台打造成现场数据汇集平台，以优质的现场开发生产数据，来支撑实现“自动化生产”“数字化办公”和“智能化管理”。作业区数字化管理平台 3.0 的建设如图 7—3—1，支撑管理层面“三化”建设见图 7—3—2。

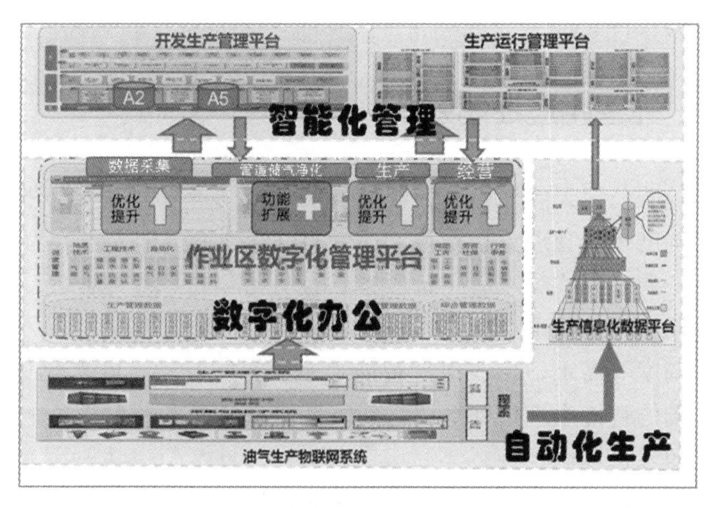

图 7—3—1　作业区数字化管理平台 3.0 的建设

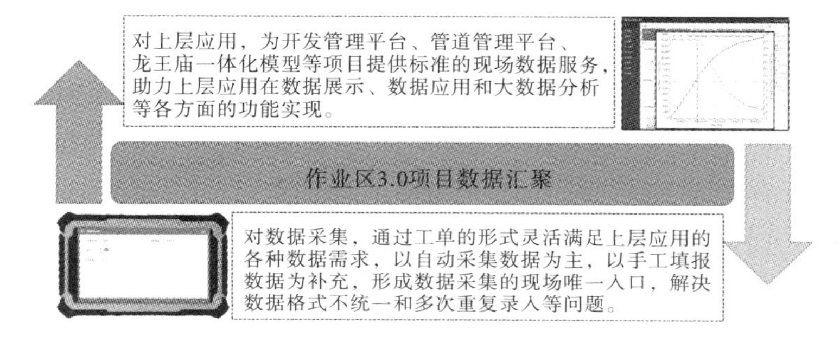

图 7-3-2　支撑管理层面“三化”建设

作业区数字化管理平台 3.0 数据集成涉及生产数据平台、物联网系统等平台的数据集成，涉及开发管理平台、设备综合系统等系统，以现场平台电脑为工具，实现生产数据实时可查、设备动态可视化、作业区数字化虚拟重构场景应用等功能（由图 7-3-3）。

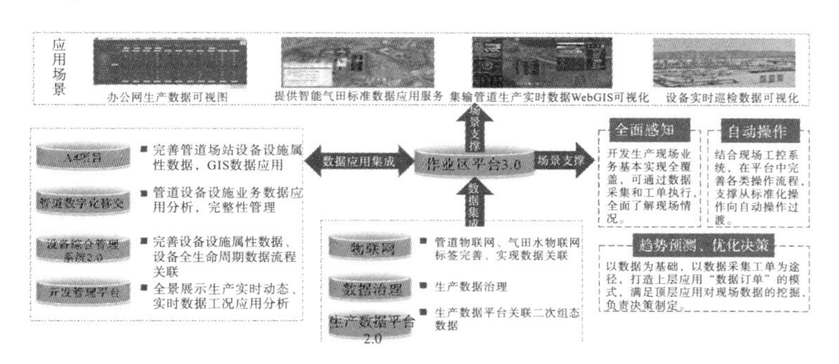

图 7-3-3　两个“三化”对标情况

8　数字化办公实现传统工作模式变化

要加快数字化转型步伐，2020年开发领域信息化工作坚持“精于细节、追求卓越”的开发理念，坚持“信息引领、业务主导”的工作机制，大力推进“两化”深度融合，全面建成数字化气田。“十三五”末基本建成“共享中国石油”；“十四五”持续提升信息技术核心能力和服务水平，深化人工智能、大数据、物联网等新一代信息技术在油气全产业链的应用，全面推进数字化转型和智能化发展，油气勘探开发智能化建设迈上新台阶，努力提高油气及服务业务的数字化、可视化、自动化、智能化水平，促进组织架构变革、商业模式创新、流程优化和降本增效。

8.1　办公一体化

以“两化融合”推进数据、技术、业务流程、组织结构的互动创新和持续优化，助推企业转型升级，打造两化融合示范企业，油气生产物联网覆盖率达95%以上，公司各领域、各层级开启了“自动化生产、数字化办公”新模式。

8.1.1　勘探生产协同需求

油气田经历了几十年的勘探，已经积累了海量的勘探数据和大量的勘探经验，但是目前这些海量数据和大量勘探经验还没有实现系统化、整体化和智能化。油田的信息化建设也只是将油田的勘探科研生产数据进行了管理，对后续勘探业务提供高效的智力支持还有差距。因此，需要深化数据利用，成果共享网络化、业务管理流程化、工作应用平台化，支撑勘探生产协同管理，提高勘探生产效率，实现勘探生产数据完整统一、管理科研一体协同、生产指挥实时支撑。

8.1.2 勘探开发一体化协同需求

勘探开发一体化是把彼此分散独立的勘探与开发紧密结合为一个有机的整体，相互协调、相互配合、高效完成油气资源向油气产量的转化。在勘探取得突破，对含油气区有一个整体认识的基础上，将高产富集区块优先投入开发，同时，在重点区块突破的同时，在开发中继续深化新层系和新区块的勘探工作，为勘探的扩边连片探明提供指向，表现出“勘探中有开发，开发中有勘探”的勘探开发一体化模式。

勘探开发一体化的主要做法可以归纳为“两个延伸”“一个滚动”。“两个延伸”：一是开发向前延伸至勘探阶段。对于勘探上探井有发现的地区，开发上及时介入，借助勘探评价井，跟踪勘探动态，优选局部有利区部署开发控制井、开辟开发实验区，研究储量动态特征。按照开发方案设计要求评价气藏，落实动态储量，达到快速高效建产的目的。二是勘探向后延伸至开发阶段。勘探上根据上交探明储量的要求，一方面把落实探明储量区和规模与开发结合起来，在勘探评价部署井位时，考虑开发井网要求，统筹资料录取；另一方面在预探部署时，充分考虑开发前期评价成果，在整体评价的基础上择优探明，或者就在开发试采生产过程中实现储量的探明。这样，把勘探储量评价、开发前期评价和方案编制有机地结合在一起，使勘探不仅成为发现储量过程，而且成为认识油藏和开发前期准备过程；使开发不仅成为评价油藏过程，而且成为落实探明储量过程。“一个滚动”：勘探上体现在“整体评价、择优探明、兼顾上下、扩边连片”，开发上“重点解剖、分批部署、及时调整、滚动建产”。具体来说就是，发现一块、评价一块、开发一块、建设一块，周而复始，最终实现“增储上产”勘探开发一体化。

8.1.3　开发生产管理协同工作需求

协同工作是开发生产管理的核心理念，通过对企业内外部资源和生产要素的聚合、集成、配置与优化，改变开发生产业务领域长期以来形成的“单兵作战”工作模式、条块分割的管理思维，有利于促进传统生产组织与营运方式的变革。协同工作是开发生产业务管理的核心业务需求。开发生产一体化协同工作主要是针对开发生产管理中以业务过程管理为核心的跨专业、跨部门的协同工作进行开展的，具体体现在以下 11 个方面：规划管理协同工作，前期工作管理协同工作，开发方案管理协同工作，产能建设管理协同工作，产能核定与配产配注协同工作，气田动态分析管理协同工作，气田动态监测管理协同工作，气田生产维护管理协同工作，油气井措施与井下作业管理协同工作，气井废弃及气田废弃管理协同工作，开发储量报批、审查、核销管理协同工作。

8.1.4　产能建设一体化协同需求

产能建设一体化协同是以建产增产项目为载体，采取部门主导、专业协同、平台支撑的管理方式，在组织机构不变、专业职能不变的前提下，组建以油藏、工程、地面为主体的项目团队。管理部门间由“接力赛”变为“团体赛”，研究支撑上由“分散式分段支撑”变为“平台化同步支撑”，实现目标清晰、责权分明，通过管理方式创新、运作模式创新，充分发挥主导专业的领军作用，充分调动协同专业的积极性，确保油田开发过程减少土地征用、缩短建井周期、提高劳动效率。

①增产建产强化项目制管理，地质工程团队加强组织协同。

针对油气田开发的重点项目，强化项目制管理，开发主体项目和数字化油田建设项目与协同研究项目，采取同步部署、同步研究、同步实施，明确项目目标和责任主体，明确主导部门和协同部门，主导专业部门引领、协同专业部门配合，实现跨机构跨专业决策管理，提升项目管理水平。地质工程一体化实施具有多学科互动、多工种交叉作业的特点，通过团队组织协同，形成网式连接、多向沟通的项目架构。

②研究设计平台化，以数字化油田为基础，搭建一体化的研究平台。建立协同研究云平台，集中管控地球物理、综合地质、油藏工程、钻采工程等专业软件，并实现各专业软件基础和成果数据的互通。将油藏工程、钻井工程、采油工程、地面工程、效益评价等方案集中在协同决策环境中。通过数据共享、软件共享、成果共享，实现研究同步、方案同步、设计同步，提升方案设计决策水平。

③现场实施模块化，以标准化、集成化、工厂化、系列化为目标，通过自主研发、场站标准化建设、设备橇装化安装、工艺单元模块化预制等措施，提高质量、缩短工期、降低成本，提高整体经济效益。

④组织调度管理数字化，通过统一的项目管理平台，统筹产能建设工程运行管理，将项目建设的土地流转审批、钻井工程运行管理，设备物资采购进度管理，钻机综合调度等全业务过程进行计划协调，充分发挥“大生产运行”的智能调度、智能指挥职能。

8.1.5 天然气生产一体化管控需求

在天然气生产运行阶段，为实现精益生产，安全高效的目标，需要建立监控、警报、诊断、预测、优化功能于一体的智能管控工作流，实现井、站、厂、储气库生产全过程智能联动与实时优化。“管控一体化”思想是伴随着自动化和信息化建设的发展以及与边缘学科结合而出现的一种新理念，是自动化、物联网、数字化、智能化有机结合，是实现“自动化生产、数字化办公、智能化管理”的有效途径。

①“自动化生产”方面。形成高度自动化生产能力，完善生产系统在线监控机制，主要在现有生产网、物联网基础上，开展生产调度系统的数据应用、各层级办公网系统的专业应用。

②“数字化办公”方面。实现开发生产管理“业务标准化、标准流程化、流程信息化、信息平台化”，主要在现有办公网基础上，依托开发生产管理平台，实现各专业业务网络化运行、专业软件远程共享与数据集成应用。

③“智能化管理”方面。加快试点示范项目建设，推动开发生产向“智能化管理”转型升级，主要依托试点项目，部署全生产链智能管理工作流、探索智能工具开发应用、提升辅助决策质量精度效率等。

8.1.6 科研协同智能辅助决策需求

科研协同是科研成果和业务需要之间的相互结合，也是学科间相互继承的协同。科研人员有专业优势，业务人员有实践优势，受制于沟通方式、成本等诸多限制，在以前的勘探开发进程中，相关的研究、建设、生产、经营活动围绕少量的重要数据展开，企业内的管理和部门间的协作是单向的、线性的，科研人员与业务人员之间点对点的协作很难实现网络效应。

勘探开发涉及的专业多，诸如石油地质、地球物理（物探、测井）、石油工程（钻井、采油、储运工程）等，研究人员所需数据来源多样，收集、整理、加载数据工作量巨大，研究院（所）、项目组、研究人员间在相同研究项目中使用的研究软件种类较多，软件间数据交换困难、人工组织成果和制作成果报告困难、研究成果共享的及时性差。实现研究数据、成果规范化管理与高度共享，专业软件集成应用，多专业研究协同，建设多层级、多业务协同生产辅助决策指挥中心，对提升“智能化、可视化、一体化”生产决策能力，提升智能管控，实现科学决策有重要意义。

科研协同表现为研究数据的来源实时统一，数据的自动推送，数据清洗的高效精准，研究环境和软件较为统一，研究成果共享继承，成果向生产反馈及时，辅助决策精准高效。科研协同、辅助决策也要求公司业务部门、研究院所、现场监督为核心的“三级监管”模式有所创新，实现远程监督、远程支持、远程决策，全面提升勘探开发、生产运行、工程技术等业务的管理水平和指挥决策能力。

8.2 封闭到开放、固定到移动

开发领域两个“三化”规划框架方案编制是充分体现公司两化融合体系贯标思想，以“业务主导、信息支撑”为原则，整体依托作业区数字化管理平台、开发生产管理平台建设，纵向上涵盖“油气生产、开发管理”两个层级，横向上按照“业务标准化、标准流程化、流程信息化、信息平台化”的思路，构建数据整合、应用集成、服务共享的统一平台，整合现有的勘探、开发、管道、销售业务板块和计划、财务、内控、安全等管理环节，全面实现生产经营网络化管理，实现勘探开发业务一体化运行（图8-2-1）。

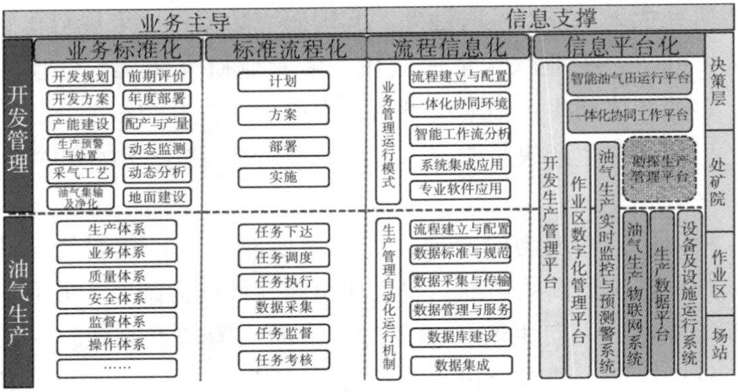

图 8-2-1　开发领域两个“三化”规划框架方案

紧密围绕作业区现场生产运行管控核心，通过信息技术与生产开发业务的深度融合，建立覆盖勘探、开发、生产运行、安全环保以及协同研究等全业务的信息支撑平台，达到生产运行安全受控、项目研究协同化、决策分析智能化、生产经营业务一体化高效运作，促进生产经营方式转变，推动劳动组织架构优化，提高生产管理、科学研究和经营管理的质量、效率和效益，有力支撑智能气田建设（图 8-2-2）。

生产现场：实现生产数据实时采集，单井无人值守，油气井与管网设备远程控制，关键过程联锁控制和工艺流程可视化管理；实现井、站场、管道和重要设施的规范化操作和数字化管理。

开发生产：实现勘探开发数据“一次采集、统一管理、多业务共享”，业务应用集成，生产管理协同一体，生产指挥实时可视，决策分析智能量化。

生产运行：实现生产动态实时监控、生产安全实时把控、生产运行及时优化、生产应急指挥全过程可视化管理。

经营管理：实现跨业务流程整合和信息共享，促进经营业务从分散管理向集中管控转变，实现企业数字化、流程化和精细化管理。

科学研究：实现研究数据、成果规范化管理与高度共享，专业软件集成应用，多专业研究协同，对科研全过程进行有效支撑与管理。

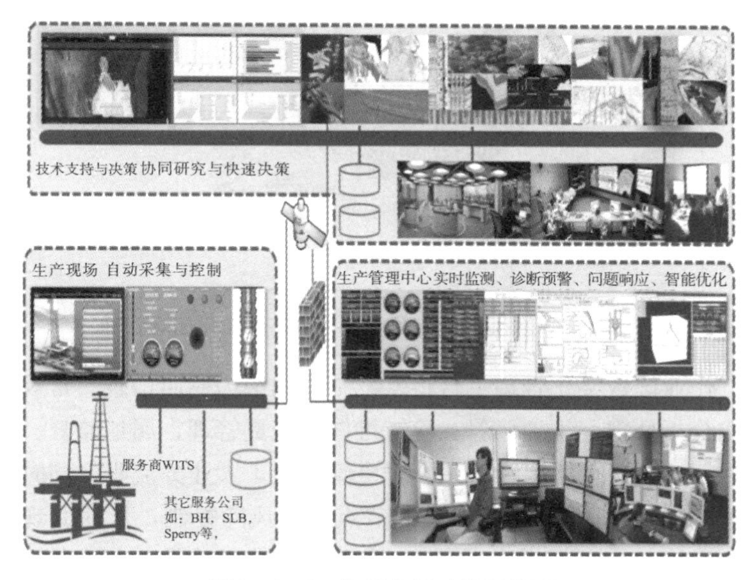

图 8-2-2　智能气田建设架构图

作业区数字化管理平台将所有基层任务来源纳入统一管理，任务执行更有针对性，按照标准的业务管理流程，建立工作闭环管理模式，实现工作任务管理、调度分配、分解指派、领导审批、现场操作，促使任务高效执行，从而有效支撑作业区基础工作管理（图 8-2-3）。

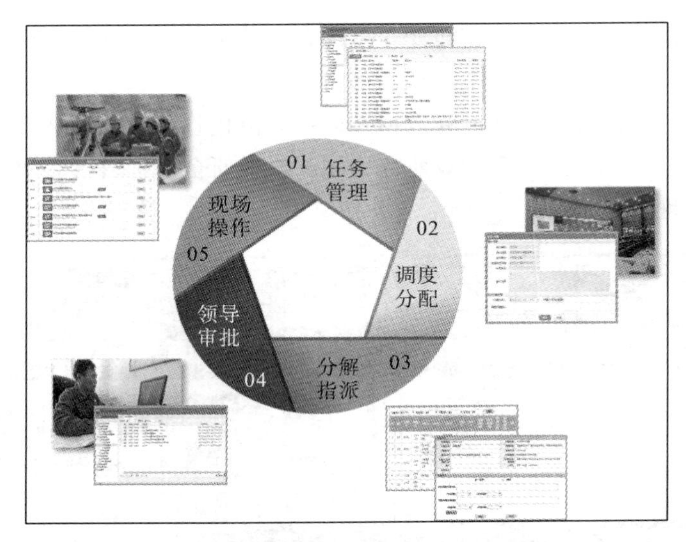

图 8-2-3　作业区数字化管理平台基础工作闭环管理

作业区数字化管理平台将基础工作归纳为巡回检查、常规操作、分析处理、维护保养、检查维修、变更管理、属地监督、作业许可管理、危害因素辨识、物资管理这十大业务流程，同时融入了 HSE 管理，并增加了关键节点安全风险控制，从而实现了生产操作、安全受控和 QHSE 管理的“三控合一”。平台通过 PC 端、移动端、手机端设备，实现了一线场站基础工作管理信息化工作“室内与室外”的全覆盖（图 8-2-4）。

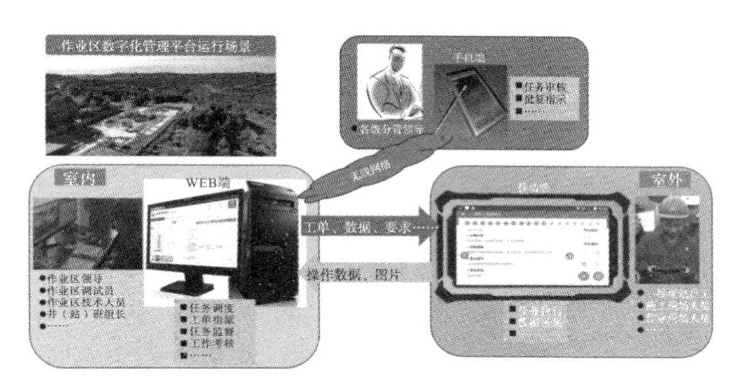

图 8—2—4　作业区数字化管理平台运行场景

1. 促进生产组织方式变革

依托“作业区数字化管理平台”，实现了作业区业务与信息化的深度融合，建立了作业区“平台+业务”管理新模式，促成公司作业区管理从传统管理模式向数字化、信息化管理模式转型变革。作业区数字化管理平台的运行，有效推动了生产管理由井站独立管理模式向一体化协同运行、扁平化管理模式转变。通过移动应用，将矿部、作业区、气藏调控中心、中心站、单井等分散在现场的工作动态、生产变化、决策集成到了同一个数字化平台上进行共享，使基层管理人员和一线操作人员从桌面办公中得以解放，井站管控出现新方式。气矿调控中心、中心站员工通过信息化手段，实现对外围无人站点生产情况进行 7×24 小时不间断实时监控，同时中心井站员工通过移动应用终端实现外围站点的定期巡检、重要设备的周期维护、气井生产动态分析等日常工作任务。

2. 管理成效明显提升

按照“分级分层”的方式，打造了由“调控中心、巡井班（中心井站）、维修班”组成的一体化管理基本单元。依托数字化管理平台，实现所有投产单井和集气站数据集中监视，形成“三位一体”的贯穿气藏管理始终的监控管理平台。将生产管理融入各个层级，打破单井独立管理的传统开发模式。从而减少管理层级、减少值守人员数量、提高劳动效率，由现场管理向远程管理转变，运行成本和劳动强度明显降低，逐步实现全气藏“无人值守”。

作业区数字化管理变革了信息采集、传递、控制及反馈方式，使传统的经验管理、人工巡检的被动方式，转变为智能管理、电子巡检的主动方式。将前方分散、多级的管控方式，转变为后方生产指挥中心的集中管控，大大提高了生产效率与管理水平。通过作业区数字化管理，减少了信息传递环节，缩短了现场值守人员和管理人员发现问题、分析问题、处理问题的时间，大大减少了生产运行成本。

8.3 向智能化跨越

信息化技术的创新发展，提速了“数字化”气田建设。坚持“数字化”气田发展方向，加快气田数字化、信息化建设进程，加大现代信息化技术集成应用，推进信息化与工业化深度融合，有力提升了气田生产管理水平和运行效率。开展生产信息化技术研究及集成应用，实施气田 SCADA 升级改造、生产信息化建设、物联网建设，形成了集数据采集、远程控制、安全防范为一体的生产信息化配套技术，大力集成应用大数据、云计算、物联网等先进信息化技术，加快信息系统建设与应用，信息化物联网、作业区数字化管理平台、智能化控制、移动应用、虚拟现实应用等一批特色信息化系统建成投运并发挥重要作用，推动气田生产管理模式深度转型。

8.3.1 聚焦智能化工效与服务型制造，全力推动企业数字化转型

应对数字化浪潮带来的机遇与挑战，某大型集团型企业以两化深度融合为基本指导方法，以制造智能化工效提升和服务型制造为主攻方向，围绕 PDM、MES 和 ERP 等核心系统建设，实现了重点业务环节全面信息化和跨区域集团化管理，已初步具备数字化工厂的雏形（图 8-3-1）。在取得瞩目成绩的同时，该企业认识到自身在实现企业、执行、设备三个层面数据贯通，研发、采购、制造、营销服务、财务经营五大环节集成，以数字化与流程化持续改进为基础，实现研发、制造、运营、服务一体的数字化工厂建设和工业大数据分析利用等方面仍存在部分短板和瓶颈。目前，该企业正重点推动信息技术在数字化工厂建设和现代管理融合方面的应用，对企业研发设计、生产制造、经营管理和营销服务等业务应用进行梳理、研究和策划，通过开展全面、深入的调研和评估，深入剖析企业在数字化工厂建设方面已具备的基本条件、存在的不足、未来的发展重点和拟打造的新型能力，围绕制造现场、信息系统、大数据等重要方面的建设与发展内生需求，制定实施系统、全面的数字化工厂建设规划。该企业为实现企业流程再造、智能管控、组织优化、能力提升，产业链协同、全生命周期管控，从而稳定获取创新成效，持续提升总体效能效益不断努力。

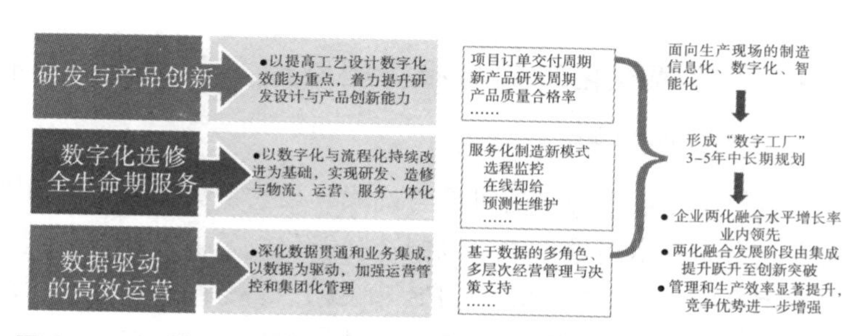

图 8-3-1　某企业信息技术在数字化工厂建设和现代管理融合的应用

对标分析：相比于案例企业通过信息化实现研发、采购、制造、营销服务、财务经营五大环节集成，从而获得数字化转型和创新成效，油气田公司的信息化建设则更多集中在系统的开发应用上，项目缺乏顶层规划与统筹管理，信息孤岛现象明显，且业务系统之间的数据标准和接口尚未实现统一，业务环节和数据互联互通的屏障还需进一步打通，才能在强化纵向集成的基础上实现协同创新，使“两化”融合水平实现阶跃式提升。

8.3.2　新兴信息技术应用发展

1. 物联网技术

通信技术的最新进展在石油领域的应用有有线、无线（卫星、3G/4G、网状网）应用等。通信技术的发展使得许多石油相关的应用设想变成可能，如智慧油田（物联网）、野外移动工作平台、远程视频监控、井底温度压力实时监控。

物联网技术在石油石化行业有广泛的应用空间，主要可以应用于石油石化行业物流、产品及资产跟踪管理、石油钻井监控、抽油井及海上采油平台监控、油田仪表无线抄表、石油管道输送监测及应急管理等方面。

物联网通过射频识别（RFID）、红外感应器、激光扫描器等传感器材，使物品间相互通信。在石油石化行业业务应用中，大型石油设备资产内部结构复杂，应用物联网技术可以近距离感知大型设备资产内部二次设备、附属设备的位置，获得基本台账信息，进而指导检修与替换策略，大幅度提升运维检修的工作绩效。应用还可推广到通信管路、综合布线、基础设施等信息化维护领域。

2. 大数据及数据挖掘技术

海量数据储存技术的发展为油气行业以TB数量级计算的数据分析提供了应用基础，主要应用领域有地震勘探与数据处理、地质解释、油藏模拟、设备管理、三维GIS等（图8－3－2）。并行计算和虚拟化服务器平台的应用，缩短了油气行业大规模数据处理分析的时间，提升了工作效率。

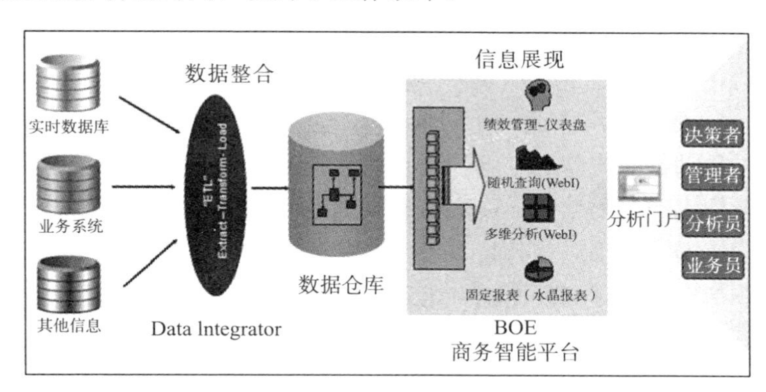

图8－3－2　大数据挖掘技术

实时数据库和数据挖掘是企业信息化管理系统中的核心和中枢，是企业实现从设备自动控制到高层计划管理的桥梁。

多维数据库（MDD）以及SOA架构下的Data Service Bus产品，丰富了数据挖掘的内容。面向业务人员的BI产品，让业务人员更加洞察相关业务、流程管理和业务活动监控，管理人员随时方便调整企业管理流程。

目前在石油上游领域，实时数据的应用比较广泛，主要用于

KPI数据展示、停机时间分析、生产实时监控、生成日生产简报、实时故障报警机处理等。

3. 云计算

云计算通过网络以按需、易扩展的方式向用户交付所需的资源，包括基础设施、应用平台、软件功能等服务。云计算呈现深化发展趋势，从虚拟化、网格计算等向软件服务化（SaaS）、平台服务化（PaaS）、基础设施服务化（IaaS）等方向发展。用户通过服务方式访问整合的基础设施、应用平台和软件功能，从而降低信息资产总拥有成本、简化IT环境、增加信息平台的整体可用性、提高信息化运营效率，对信息平台的集约化建设和保障有着广阔的应用价值。对于跨地域多组织实体的大型石油石化企业，云计算为海量数据处理、数据中心的集中化管理、人力资源集约化配置创造了技术条件。

4. 移动应用作业

移动作业将掌上电脑与自动识别技术、全球卫星定位系统等多种技术手段相结合，完成移动中的设备定位和数据采集。近年来，开始逐步采用红外技术、无线通信或有线通信等手段将后台企业信息发布到掌上电脑，与现场工作人员分享企业经验。在石油石化行业业务应用方面，移动作业技术可以实现管网巡检作业标准化，提升风险事件预警与及时干预能力，提高巡检工作效率；对于高风险作业环境，移动作业技术更是能为现场工作人员提供顺畅的沟通渠道，降低作业风险。在信息保障方面，移动终端的接入要求后台信息服务环境具有可靠的信息安全保障能力，避免非授权终端的入侵，以及通信数据的窃取和篡改。

8.3.3 智能油气田的建设与完善

随着世界能源市场的发展和IT技术的进步，能源界一直在寻找更高效、高质量的勘探技术和方式，谋求对勘探开发

(E&P)设备资产的全生命周期管理，实现钻井的动态实时计划和部署，实现对油藏、生产的动态监控、诊断和优化，动态地链接、集成油田的生产和经营，并能集成全球的数据、知识和专家经验。在这里，信息管理是关键角色，即实现数据的实时管理。正如 Exxon Mobil 的专家说，我们可以获得数据，但是我们不能管理数据。数据管理不当造成了大量的时间浪费，统计表明地质学家或其他工程师花费总项目时间的 20%～30%用于搜索、加载和格式化数据，这就产生了对 IT 的不间断需求。Gartner 公司提出，地球科学中 17%的信息消费用于管理石油技术信息。

资料显示，当时，国外已有数以万计的文章提及类似的概念，甚至有更深的研究，并且召开了国际专题会议，提出和形成了数字油气田技术（Digital oil Field Technology）这个门类（图 8－3－3）。

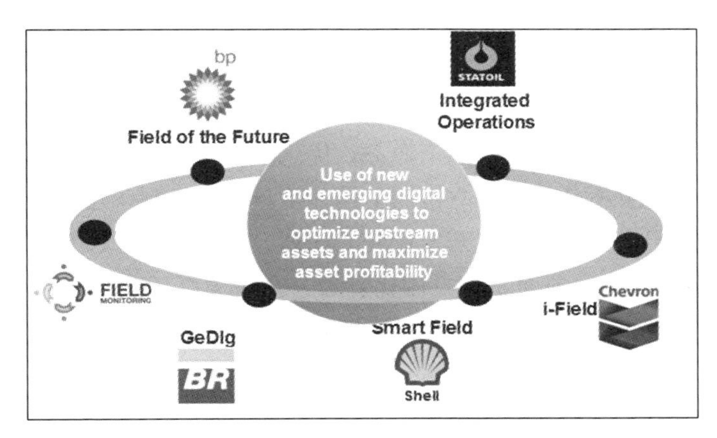

图 8－3－3　各大油公司对数字油气田的认识

BP 公司的数字油气田概念包括处理特殊信息的技术和业务操作过程，他们通过实时、连续不断的、远程监控的方式，对远程油藏和资产信息进行管理（图 8－3－4）。

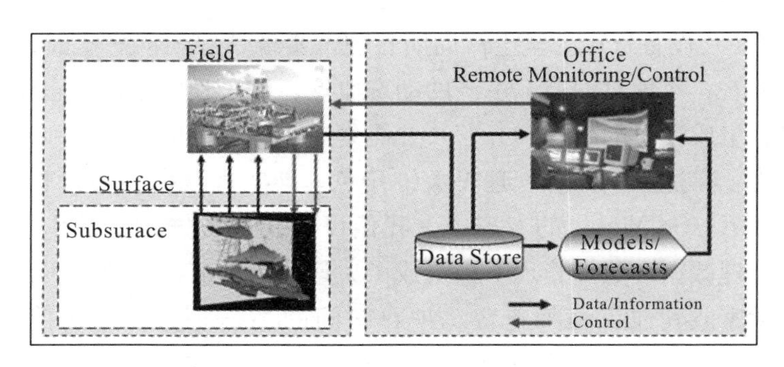

图 8-3-4　数字油气田的数据和应用

智能气田是在数字气田基础上发展而来的油气信息化管理新模式，是油气田建设的新阶段和新形态。通过人工智能、大数据、机器人、AR/VR、云计算、边缘计算等技术的创新应用，全面支撑智能化气田的推进和实施。

智能气田在前端实现自动采集与控制；在中端实现自动传输、安全存储、实时监控；在后端实现技术支撑、智能分析与辅助决策。

全面整合油气开发生产业务，优化重塑两级业务流程，集成应用专业分析软件，建立协同工作环境与运行机制，建成开发生产管理平台，实现油气开发业务“计划、方案、部署、实施”和“气藏、井筒、地面”的一体化管理，在主力气田建成“自动化生产、数字化办公、智能化管理”智慧气田。实现开发管理由传统业务管理向网络化高效运行管理转型。

以开发领域业务为驱动，基于数据集成应用服务平台，搭建覆盖油气田开发全过程的运行管理平台，为作业区“岗位标准化、属地规范化、管理数字化”奠定信息化基础，实现规划、产能建设、油气藏工程、采油气工程、油气集输、天然气净化的业务管理，实现开发生产数据集成化、共享化，开发生产管理一体化、协同化，业务应用集成化、可视化。

以物联网为基础，覆盖公司、油气矿、作业区的开发生产管理全过程的数字化支撑体系，实现了一线场站基础工作安全受控，作业区业务“三化”管理，公司及油气矿开发生产数字化、流程化管理（图 8-3-5）。

图 8-3-5　基于物联网的数字化支撑体系

9　智能化管理实现业务转型升级

9.1　系统集成

大力集成应用大数据、云计算、物联网等先进信息化技术，加快信息系统建设与应用，信息化物联网、作业区数字化管理平台、智能化控制、移动应用、虚拟现实应用等一批特色信息化系统建成投运并发挥重要作用，推动气田生产管理模式深度转型。综合应用网络边界及脆弱性扫描、流量采样与分析、应用冗余、漏洞扫描等信息网络安全技术，强化桌面安全准入、身份认证和终端管控，提升信息安全主动防护水平。

集成架构以作业区数字化管理平台为核心，借助 SOA 数据服务集成平台，实现与相关平台（系统）进行有效的数据集成、数据服务、应用集成。

基础平台：按照油气田公司信息化建设的总体规划，作业区数字化管理平台以公司建设的生产管理综合数据平台和 GIS 公共服务平台作为系统的基础平台；生产管理综合数据平台主要完成公司各类业务数据、公共服务、管理流程的集成，解决信息化孤岛、消除数据整合与应用集成的壁垒，为作业区数字化管理平台开展数据集成、数据服务、应用集成工作奠定了基础；GIS 公共服务平台以 Web Service、JavaScript API 接口等方式对外部系统提供地图发布、地图操作、地图查询、空间分析，以及扩展的鼠标左右键扩展基本 GIS 功能服务，为作业区基础工作的实时监控提供保障。

数据集成：根据作业区数字化管理平台的数据需求，本平台需要从生产数据平台、设备综合管理系统、生产运行管理平台集成有关数据。与相关系统的数据集成范围详见图9-1-1。

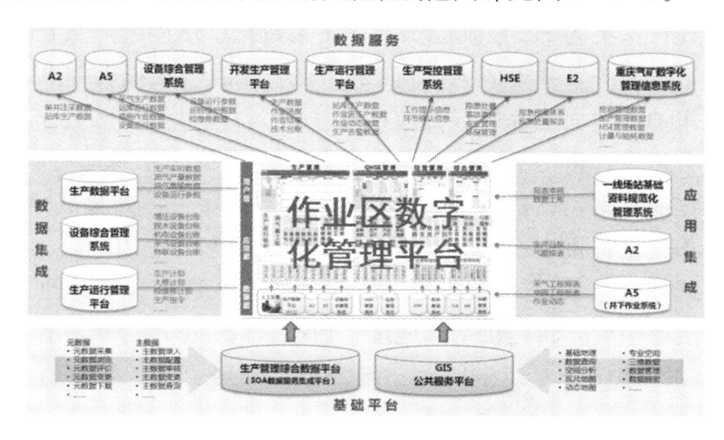

图9-1-1　与作业区数字化管理平台集成架构

数据服务：按照作业区数字化管理平台的定位，本平台将作为作业区范围内唯一的应用平台，目前作业区在用的专业系统主要包括油气水井生产数据管理系统（A2）、采油与地面工程运行管理系统（A5）、设备综合管理系统、开发生产管理平台、生产运行管理平台、生产受控管理系统、健康安全环保系统（E1）、应急管理系统（E2）、气矿数字化管理系统等，井站人员需要向各系统交叉、重复录入数据，为实现数据资料的一次录入、减少作业区人员的工作量，需将上述各系统所需的数据在本平台中录入后，通过数据服务的方式在生产管理综合数据平台上进行发布，保证上述系统获取所需的数据。

应用集成：根据作业区数字化管理平台的建设范围和概要设计，为充分利用公司信息化建设成果，平台将集成一线场站基础资料规范化管理系统、油气水井生产数据管理系统（A2）、采油与地面工程运行管理系统（A5）等有关系统的部分功能。

在油气田公司范围内与作业区密切相关的集团公司统建系统（平台）5 套，公司自建信息系统（平台）6 套：

油气水井生产数据管理系统（A2）：通过作业区数字化管理平台建设，将为 A2 系统提供单井注采数据、站库生产数据等方面的数据服务，并集成 A2 系统的生产日报、气藏报表等报表。

采油与地面工程运行管理系统（A5）：通过作业区数字化管理平台建设，将为 A5 系统提供采气生产数据、站库运行数据、措施作业数据、设备运行数据等方面的数据服务，并集成 A5 系统的采气工程报表、地面工程报表、作业动态等应用。

地理信息系统（A4）：A4 系统是作业区数字化管理平台的基础支撑平台，将提供基础地理、数据查询、空间分析、瓦片地图、动态地图、专业空间、三维数据、数据管理、数据脱密等服务。

HSE 管理系统（E1）：通过作业区数字化管理平台建设，将为 E1 系统提供事件上报及事件历史数据及隐患数据、环境保护相关数据、职业病危害场所检测计划、职业病危害场所检测报告、隐患处置、事故事件、安全管理、环保管理等数据服务。

应急管理系统（E2）：通过作业区数字化管理平台建设，将为 E2 系统提供应急预案体系、应急处置报告等方面的数据服务。

生产管理综合数据平台：生产管理综合数据平台是作业区数字化管理平台的基础支撑平台，将提供元数据采集、元数据浏览、元数据评价、元数据变更、元数据下载、主数据录入、主数据配置、主数据审核、主数据变更、主数据查询等服务。

设备综合管理系统 2.0：通过作业区数字化管理平台建设，将为设备综合管理系统提供设备运行参数、巡检维护数据、检维修数据等方面的数据服务，并集成设备综合管理系统的增压设备台账、脱水设备台账、机电设备台账、采气设备台账、物联设备台账等方面的数据。

生产数据平台：通过作业区数字化管理平台建设，将集成生产数据平台的生产实时数据、油气产量数据、油气集输数据、设备运行参数等方面的数据。对于井/场站/管线等生产实体相关的实时数据，采用生产数据综合平台的元数据管理工具建立索引，并通过DSB总线进行数据的访问。另外，在生产现场的移动应用中，将首先基于物联网推广项目建立的现场WIFI来获取现场RTU或传感器上的实时数据进行展示和应用，如现场不能提供直接的实时数据接入硬件环境，将从办公网的生产数据平台中接入。

开发生产管理平台：通过作业区数字化管理平台建设，将为开发生产管理平台提供生产数据、作业进度、作业结果、技术台账等方面的数据服务。

一线场站基础资料规范化管理系统：通过作业区数字化管理平台建设，将集成一线场站基础资料规范化管理系统的报表审核、数据上报等应用。

移动应用平台：移动应用平台是作业区数字化管理平台移动端内外网联通的基础支撑系统，将提供内外网通道、移动端单点登录等支撑服务。

作业区平台1.0系统：作业区数字化管理平台1.0满足了作业区及一线井站基础工作管理、现场操作指导和数据一次采集的需求。作业区数字化管理平台1.0建设工程已分别在采输气作业区、开发项目部、页岩气作业区等7个作业区推广应用，在生产管理方面取得初效，改变了作业区原有的管理模式，基本实现了预期目标。

作业区数字化管理平台2.0项目，借助SOA技术平台，实现与相关信息系统的数据集成、数据服务、应用集成。相关信息系统主要分为数据集成方式、数据接口方式、界面集成方式；其中，设备综合管理系统2.0、HSE管理系统（E1）、应急管理系统（E2）、计量管理系统、承包商管理系统、管道管理平台采用数据集成方式；一线场站基础资料规范化管理系统采用界面集成方式；生产数据管理平台采用数据接口方式。以上数据对接内容优先采取对接方式实现，若条件无法满足对接的，本平台将优先采用本平台录入，并预留导出功能及相关接口的准备工作，待对接条件满足时，进行对接（表9—1—1）。

表9—1—1　与相关信息系统的集成范围

对接系统	对接形式	对接内容	技术方式
生产数据管理平台	数据接口扩展	各场站水、电、气消耗数据	通过OPC采集方式实现对接
一线场站基础资料规范化管理系统	界面集成	报表审核	通过单点登录集成方式实现界面嵌入集成
设备综合管理系统2.0	数据集成	淘汰设备数据、设备特性数据	通过公司SOA架构，请求ESB接口服务，实现对设备综合管理系统数据集成
HSE管理系统（E1）	数据集成	事件上报及事件历史数据及隐患数据、隐患处置结果、事故事件数据、环境保护相关数据、职业病危害场所检测计划、职业病危害场所检测报告、安全管理数据、环保管理数据等	计划通过HTTP协议方式，实现对HSE管理系统（E1）数据集成
E2系统	数据集成	应急管理相关数据	计划通过HTTP协议方式，实现对E2系统数据集成

续表9-1-1

对接系统	对接形式	对接内容	技术方式
计量管理系统	数据集成	计量管理相关数据	计划通过公司SOA架构，请求ESB接口服务，实现计量管理系统数据集成
承包商管理系统	数据集成	承包商人员信息数据	计划通过HTTP协议方式对接，实现对承包商数据集成
物联网系统	数据集成	物联设备相关数据、实时数据、智能设备运行巡检数据、校表数据、校表日期记录、校表记录、校表报告	物联网把wsdl文件发给作业区2.0平台，根据soap协议进行通信，把xml格式的数据，解析到平台数据库，供使用
管道管理平台	数据集成	作业计划数据、工艺变更数据、隐患数据、管道巡检数据	计划通过公司SOA架构，请求ESB接口服务，实现管道管理平台数据集成

9.2 互通互联

通过集成应用平台，提升了开发生产管理和科学决策水平，搭建了开发生产管理平台。已上线产能与产量管理等4大业务流程，将产能核定与配产业务流程固化到平台上，业务管理从“线下”到“线上”，实现了产量在线精细化管理。

开发生产管理平台：覆盖油气田开发前期规划、产能建设、油气藏工程、采油气工艺、油气集输、天然气净化业务管理全过程 9 大业务（图 9—2—1）。

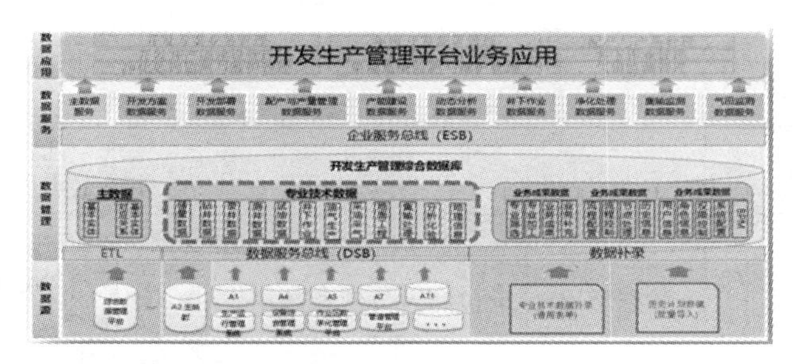

图 9—2—1　开发生产管理平台业务应用

开发了页岩气勘探开发数据共享平台见图 9—2—2。完成一期建设，已上线评价部署等模块，从总部到一线班组数据全入库，共享全覆盖，实现了“用数字说话、用数字指挥”。

图 9—2—2　页岩气勘探开发数据共享平台

页岩气勘探开发数据共享平台：包括页岩气勘探开发、工程建设、生产运行、QHSE、科研成果的信息集成共享及数字化 GIS 应用。

初步建成智能气田示范工程（图 9—2—3），开辟了智能化管理新形态。集成专家智慧，打造了以工作流驱动的智能化业务管理新模式，改变了生产管理“靠经验、拼人力”的传统模式，支撑一体化管控、优化决策、高效运营。页岩气积液管理智能工作流上线试运行后，管道积液量预测准确率 95%以上。

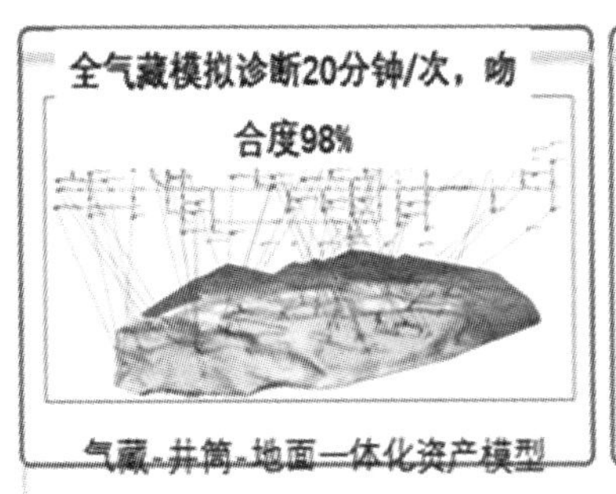

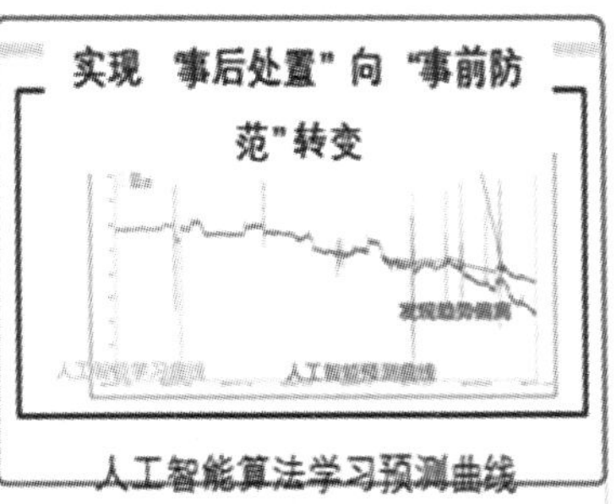

智能基础：先进的工业控制系统+超级物联网+数字化"气藏、井筒、地面"
智能技术：机器人、增强现实（AR）、专家系统、智能工作流等

图 9-2-3　某智能气田

应用了 AR、VR、机器人、无人机等新一代智能技术，赋予了气田"思想和智慧"，提高了异常问题发现和辅助决策的时效性、针对性，提升了现场工作效率，降低了安全风险。除日常生产管理外，在 2019 年公司应急演练中也得到了成功运用(图 9-2-4)。

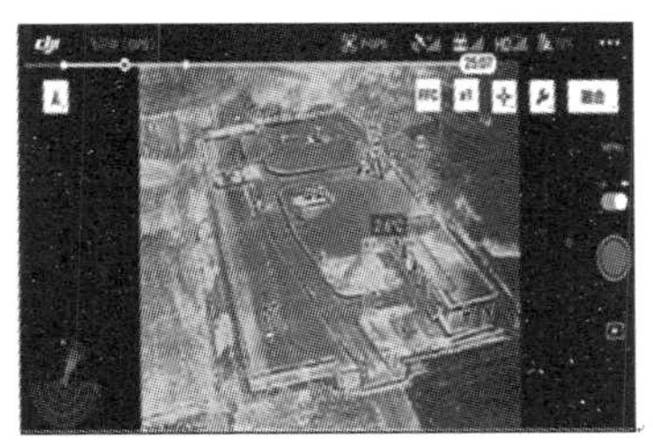

高含硫天然气管道泄漏突发事件联合应急演练
利用基于GIS的二次组态，全方位展示泄漏点周边环境和泄漏影响情况；利用无人机实现气体泄漏检测、远距离点火、应急物资投放、热成像人员搜救、空中喊话警戒。

图 9-2-4　高含硫天然气管道泄漏突发事件联合应急演练

正在打造“数据生态”和“业务生态”，以连续数据流驱动系列专业模型形成前后联动的工作链，将专业分析软件、专业知识经验、业务流程管理、专业分析人员结合起来，简化并自动执行跨职能团队的任务，打破“技术条块分割，管理接力进行”的传统模式，实现一体化协同。

9.3 智能预警

以模型化、模块化、工作流与云计算为支撑的三大“一体化”技术作为引擎，建立智能化生产经营管理一体化平台，实现气田从研究到生产管理上的指标在线化、决策经济化、管理协同化（图 9—3—1）。指标在线化，通过数据分析、模型计算与网页接入，实现水合物、管输效率与产量预警响应、欠产分析、管网效率与措施评估、产量规划与经济效益在线。决策经济化，通过对地质、气藏、井筒、管网与经济模型一体化研究，实现从产量、产能、采收率到成本与效益的全面分析，实现从定性决策到定量决策的大转变。管理协同化，从开发方案制定到新井全面投产，从地面系统监测到生产措施调整，从前方现场施工到后方远程指导，环环相扣，实现科研到生产、安全高效转化。

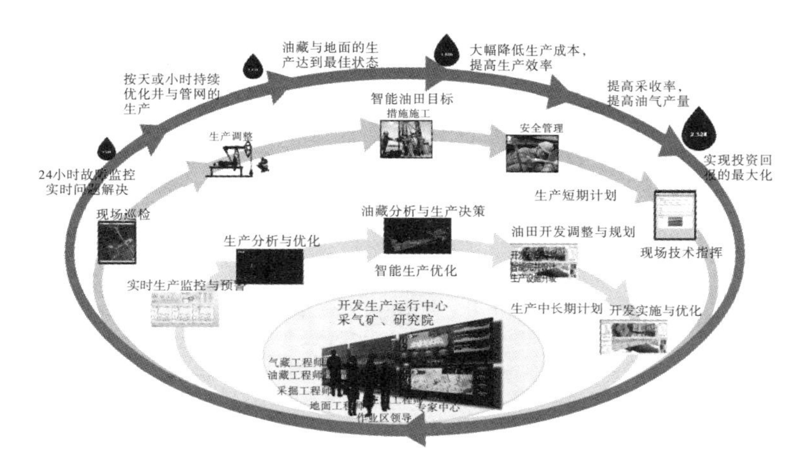

图 9-3-1　智能气田愿景

中国石油经过近30年的信息化建设积累了海量数据信息，如何深度挖掘、充分利用大数据资源背后蕴藏的价值，使其能够切实应用于生产领域，为安全生产、降本增效、决策指挥提供支撑，是我们面临的问题，同样也是数字油田向智能油田转变的必经之路。因此，通过分析国际石油公司大数据应用趋势，阐述石油工业上游生产存在的主要风险以及目前风险管理存在的问题，得出建立上游风险预警专家实现储气库、净化、轻烃、化工等开发业务数字化管理平台全覆盖的解决方式，统一的线上管理模式通过工单化的管理，形成管道巡检工作流程，同时将管道完整性管理和现场实时数据相结合，提升管道完整性管理水平实现数据资产化管理，逐步完成基于GIS的二次组态，实现生产数据、管理数据与环境信息集成化、可视化（图9-3-2）。

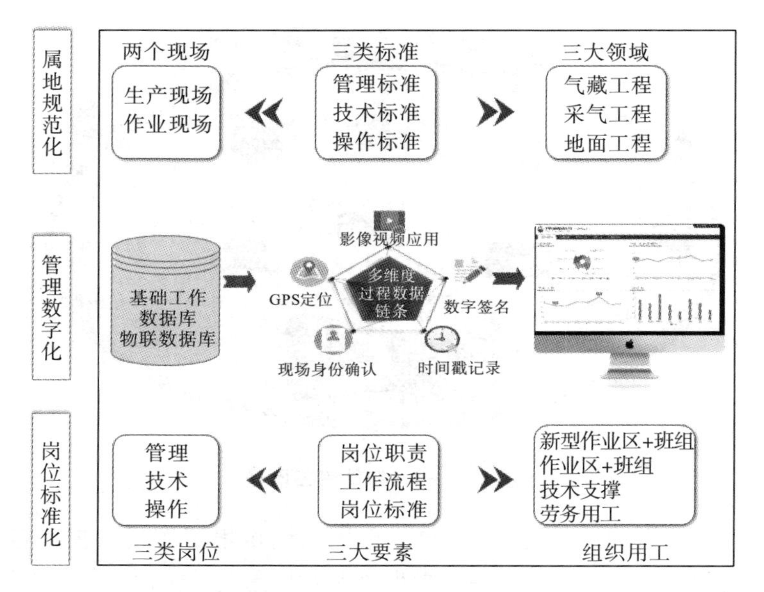

图 9－3－2　数据资产化管理

深度感知：物联网拓展至气田水系统与管道，实现“双高”管段、第三方破坏、地灾、管道阴保状态等监控，管道泄漏与腐蚀监测等功能。

数据应用：实现智能变送器远程诊断调校，控制与通信、电气等设备状态远程诊断、视频数据智能解析等功能，降低人工强度，提高检测维护工作效率。

完成生产网组态优化与功能完善，解决上下游数据共享、分析协同问题开展生产工况分析、异常状态识别专业功能开发，降低人工监控强度建立井、站、线系统关键生产设备设施远程监控工作质量标准体系，提升监控水平（图 9－3－3、图 9－3－4）。

图 9-3-3　AR 智能巡检

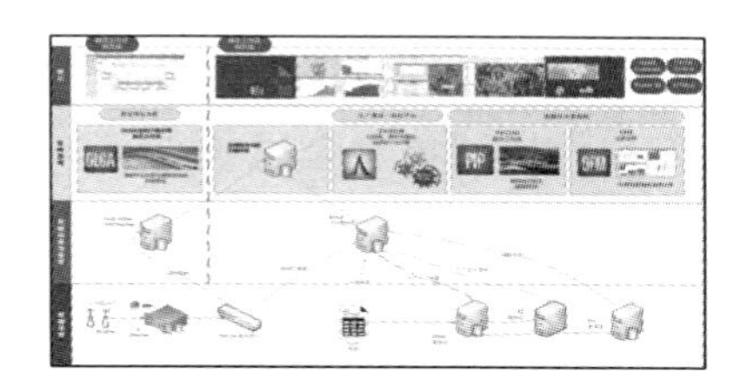

图 9-3-4　智能工作流平台技术架构

10　两个“三化”构筑“油公司”精益管理模式

为贯彻落实集团公司人事劳动分配制度改革总体部署，有序推进“油公司”模式改革工作，推动油气田公司（以下简称“公司”）高质量稳健发展，持续提升公司核心竞争力，实现“三步走”战略目标，油气田公司特制定公司“油公司”模式改革实施方案。

按“职能定位明晰化、组织机构扁平化、甲方主导高效化、要素保障市场化”的基本思路，以打破“大而全、小而全”业务结构，大力提升增储增产增效能力为目标，以业务归核化发展为主导，以组织结构扁平化为支撑，以数字化建设为手段，突出主营业务，精简组织机构，压缩管理层级，优化资源配置，配套管理机制，强化激励约束，稳步推进“油公司”体制机制改革各项工作任务有效落实，为公司全面决胜百亿、加快推进百亿战略大气区建设，实现高质量稳健发展提供有力支撑。

10.1　“油公司”改革实施方案与目标

“油公司”改革实施方案工作目标：到2020年末，基本建成“主营业务突出、辅助业务高效、生产绿色智能、资源高度共享、管理架构扁平、劳动用工精干、市场机制完善、经营机制灵活、制度流程顺畅、质量效益提升”的油气田特色“油公司”。

①“油公司”业务归核化发展方向明确。主营业务做强做优，辅助业务做精做专，低端低效业务关停并转取得有效突破，

业务布局更加清晰、业务结构更趋合理，基本构建符合“油公司”特点的上中下游一体化业务运行体系，公司整体盈利能力和核心竞争力显著增强（图 10－1－1）。

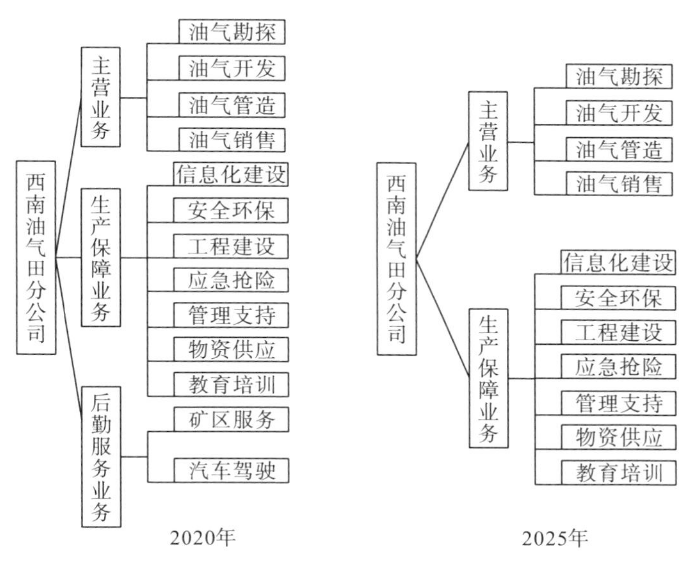

图 10－1－1　油气田公司业务结构布局图

②“油公司”组织架构扁平化初步成型。完善“公司—油（气）矿—采输气作业区”的组织架构，新区新建产能试点“油气田企业—采油（气）作业区”新型管理模式。按照优化协调高效和职能综合化的“大部制”方向，调整优化二级单位机关机构设置；在产能建设上，实行“公司＋事业部”的两级管理模式；油气生产实施“中心站＋无人值守井站”组织模式；天然气净化、终端燃气等业务管理层级进一步压减，组织架构更为扁平、高效。

③“油公司”市场化用工模式基本建立。通过市场化机制在主营业务领域探索“管理＋专业技术＋核心技能岗位”或“管

理+专业技术岗位”直接用工、其他操作服务岗位和非主营业务领域推行第三方用工或业务外包的“油公司”用工模式基本建立，与人力资源战略合作伙伴合作机制运转顺畅，人力资源保障问题得到有效解决，不低于员工总量5%的显化富余人员得到妥善安置，2020年公司员工总量控制在3万人以内，百万吨当量用工1255人；2025年公司员工总量控制在2.5万人以内，百万吨当量用工628人。

④“油公司”数字化油气田总体建成。以油气生产物联网建设应用实现在役生产场站数字化覆盖率100%，确保现场安全受控；以勘探、开发、管道、生产等专业信息化平台建成投用实现应用集成和数据共享，提升主营业务管理效率。通过全面完成“油公司”模式下数字化油气田建设，实现公司生产运行“岗位标准化、属地规范化、管理数字化”和“自动化生产、数字化办公、智能化管理”的两个“三化”管理。

⑤“油公司”激励约束机制健全完善。全面建立以岗位价值为基础，以业绩考核为重点的薪酬激励约束机制，形成“薪酬能升能降”的动态管理机制；推行单位和领导人员岗位管理“去行政化”，破除行政级别和身份限制，按照权责对等原则建立激励约束机制，激发员工活力，增强企业创新创效能力；配套完善精准激励政策，靶向瞄准核心骨干员工实施有效激励；加大对解决生产经营中的重点难点和短板瓶颈问题并为公司做出突出业绩的特别贡献奖励力度，有效发挥重点激励作用。

到2025年，全面建成国内一流、国际接轨的油气田上中下游一体化特色“油公司”模式，投资资本回报率、全员劳动生产率、人工成本利润率、吨油当量完全成本等关键指标在油气田企业排名前列，改革成果不断呈现，员工队伍结构更为优化，资源配置市场化程度更高，公司综合实力和市场竞争力显著增强。

实践证明天然气产业一体化发展模式，是适应四川盆地天然气产业发展特征与发展环境的独特的一种经济发展战略与管理模式。这一模式通过勘探开发技术创新，统筹常规与非常规资源，提升资源供应能力；通过输送储存技术创新，建立高效快捷的储运枢纽，提升运行保障能力；通过市场销售技术创新，优化市场配置实现资源最优化利用。上中下游全产业链的技术创新，为天然气产业整体效益最大化提供有力的技术支撑。这一模式通过规划布局一体化部署、体制机制一体化构建、运行调配一体化实施发挥最大能效；通过责任体系一体化落实、企业文化一体化建立、企地协同一体化推动发挥最大潜力。产业链中两层次、全方位的管理创新，为天然气产业整体效益最大化提供坚实的管理保障。这一模式通过全产业链的信息化、数字化和智能化，统筹技术与管理、决策与优化，充分运用集成化和平台化技术，大幅度提高产业发展速率，为天然气产业整体效益最大化提供高效的信息手段。

2020 年 1 月 6 日，油气田公司召开 2019 年度生产经营分析视频会。公司上下深入贯彻落实习近平总书记“加快国内油气勘探开发”重要批示精神，按照集团公司总体安排部署，圆满完成各项目标任务，储量、产量、销量、效果均创历史新纪录，产量、利润双双跃居集团公司上游板块第四位，油气当量跨新台阶，踏上了新征程。一是生产经营创造系列新纪录，规模实力显著增强。二是勘探开发取得系列新成果，增储上产能力显著增强。三是改革创新取得系列新进展，公司内生动能显著增强。通过构建“油公司”模式下的研发体系，创新活力持续提升；全面推行“两化融合”，初步建成智能示范工程，基本建成数字化气田，开发转型升级成效显著；大力推进“三项制度”改革，推行新区扁平化生产经营管理模式，高质量发展机制体制逐步完善；通过试点推行安全生产责任清单建设，全面推广完整性管理，安全环保管控能力不断增强。公司仍面临小微地震频发干扰页岩气勘探开发进度、钻机结构性矛盾制约勘探开发向深层进军、产运储销体系亟待进一步完善、地方合规手续办理影响储气库建设进度、质量安全环保事件较多、重要方案设计批复相对滞后等诸多困难、问题、挑战。

油气田通过多年的信息化建设，着力加强信息化与勘探开发、工程技术、生产运行、科学研究和经营管理等重点业务的深度融合，全力推进数字气田建设，在“云、网、端”基础设施配套、数据资源共享服务、专业系统深化应用、多业务一体化集成等方面取得了长足进展，信息化建设逐渐由单一系统建设、单一部门使用、覆盖单一业务，逐步向业务流程优化、系统平台化、信息共享化、应用集成化、专业一体化方向发展，有力地保障了主营业务高效稳健发展。

随着油气田在全力推进，也为“两化融合”提出了更高的要求和目标指引。围绕油气田的发展战略，消除信息孤岛、拆除协同藩篱，催生公司体制机制演化、促进传统生产组织与营运方式的变革，注入公司可持续发展新动力，形成油气田勘探开发生产经营业务管理“自动化、一体化、协同化、智能化”的新形态，逐步迈向智能化气田，是油气田“两化融合”发展的重点任务。

对“两化融合”进程中存在的不适用问题，需要从管理上依托两化融合进行调整。“两化融合”是对组织多角度的综合描述，反映了“组织结构+业务流程+信息技术”的总体设计和安排，是连接企业战略、融合先进技术趋势，指导业务优化和信息化方案设计的重要手段，使信息化建设从“局部规划和设计”向“全局规划和顶层设计”转变，最终走向可持续发展的轨道，“两化”深度融合是企业高质量创新发展的最佳实践。

10.2 创新组织管理机制，高效推进“两化融合”管理体系实施落地

根据《信息化和工业化融合管理体系》国家标准的要求，企业应依据打造新型能力的动态要求，按照建设完善业务流程、部门职责和岗位技能协同机制的相关要求，进行合理、适宜的组织建设和制度保障。从目前优秀企业的典型经验和做法来看，绝大多数相关企业正在形成集信息化、管理变革、模式转型及业务流程优化等职能为一体的综合功能部门体系，并逐步构建网络化、平台化、柔性化、立体化的赋能机制。

以某合资企业的组织管理机制设置为例，首先，该公司依据“两化融合”管理体系建设和运行、新型能力打造的要求，对相关岗位及其职责进行了有效识别、梳理和确认，通过岗位职能设计、岗位技能培训、交叉培养和轮岗锻炼等手段，确保从事“两化融合”工作的员工快速提升技能，满足岗位要求。其次，该公司围绕“两化融合”新型能力目标对相关业务流程进行了梳理、优化和调整，识别出跟这些流程相关的部门和岗位存在的问题与差距，确定拟优化的关键点和调整范围，开展新的流程设计，并以流程职责为牵引，梳理和调整部门职责，将流程职责和部门职责落实到岗位职责，同时注意了跨部门流程衔接处的职责，形成了涵盖流程职责和组织结构的综合优化方案。最后，该企业对信息化与智能制造相关部门进行了重组和再造，整合了之前信息化、生产和战略规划等部门的相关职能，形成了能够负责总体协调的新职能部门，并在各个部门重新设置了信息化专员岗位职责，负责所在部门所提出的相关业务和系统问题，并根据协调运转机制向对应的流程管理员、内部顾问反馈所在部门的情况，对出现的问题进行及时评价、纠正和改进，以确保“两化融合”工

作的顺利开展和相关项目的高效运行。

对标分析：相比于案例企业以流程职责为牵引，推进流程改造和岗位职责转变，建立集信息化、生产和战略规划等部门职责于一体的总体协调部门，进而实现组织结构优化和流程再造，确保“两化融合”工作顺利开展和相关项目高效运行。油气田公司在实现“两化融合”管理体系建设运行和新型能力打造的过程中，存在多个管理体系难融合、协调沟通方式有限、多部门协同管理不足、思维与管理模式陈旧、岗位职责尚未转变等诸多问题，导致流程执行效率低下，控制执行不到位。

10.3 借助云服务和项目群管理，实现信息化项目有序高效管控

信息化项目实施过程中，由于各信息化系统建设部门各自为政，易产生系统平台间未打通形成的信息孤岛、系统平台重复建设等问题。现代信息化项目管理应进行统筹规划，基于信息化建设的现状，用现代先进的、成熟的信息技术，结合科学的管理理念，使用整体化、层次化的方法进行逐次集中规划设计，而不是将原有的各个分散系统进行简单集成，做到制度规范到位，有理可依，真正落实到各个环节，形成互联互通、数据共享的常态化发展。

以石化行业某中央企业为例，公司为进行信息化项目统筹管理建成资源管理中心，以勘探、开发、采油工程三大专业共享中心为基础，实现专业软硬件云服务共享，避免重复投资；建立企业数据资源共享中心，实现数据互联互通、资源共享。

项目群管理是信息化项目统筹管理的另一有效方法，可以获得对单个项目分别管理所无法实现的利益和控制。以某冶金行业企业为例，其在高强度汽车板整体信息化工程实施中很好地利用

了项目群管理实践。该项目涉及相关实施商较多，涵盖物流、订单计划、质量管理、生产执行、财务成本、设备管理等总计 20 余个系统，前期的项目管理中，偏重于对当时已有业务流的整合和固化，关注对象主要是单个信息系统项目的流程梳理和功能目标的实现，没有形成统一的、专业的项目管理体系。为高效完成项目组织实施，按照项目群的管理理念，公司搭建了层级分明、职责清晰的管理架构，自上而下分别为信息化项目指挥部、项目群管理办公室、项目经理及团队。指挥部最高领导由公司董事长担当，管理办公室由公司主管副经理担当，各相关业务单位领导为办公室成员，为项目的顺利开展提供了组织保障。项目指挥部从各相关单位抽调了业务骨干作为关键用户投入项目，负责业务流程的梳理与再造。信息自动化部的 IT 人员作为技术支持全程参与项目建设。由于工程需多个项目同步实施，且各个项目的系统实现映射在实际的业务中存在交叉，所以关键用户及部分 IT 支持人员需要作为项目群的共享人员投入多个项目。

对标分析：相比于案例企业通过打造专业软硬件云服务共享中心、实现数据资源统一集中高效管控，油气田公司正面临多个系统平台和数据库林立，数据统一集中管控难、投资大、效率低，难以集中发挥数据的决策支持作用等问题。相比于案例企业设立信息化项目指挥部、项目群管理办公室，通过项目群管理实现多个项目的集中统一管控，油气田在两化融合项目管理组织建设方面存在职责分散，组织保障不到位，决策和主体责任难落实等问题，进而导致项目顶层规划不足，统筹管理缺失，项目实施周期长、重复建设和信息孤岛等问题突出。

10.4 有效建立文件化管理体系，强化制度管理规范化与标准化

形成“两化融合”管理体系文件化信息的目的，是为了向员工和其他相关方提供所需的信息，传播和保护经验知识，提供必要的证据，确保理解和执行。组织应依据 GB/T23001—2017 中 4.4.3 要求的内容形成文件化信息，并根据所使用的方法、所需要的技能、所进行的培训及所要求的管理力度，确定文件化信息的详细程度。其中，对于“两化融合”管理体系及其过程的建立、运行和控制应有的途径和方法，是否形成文件化信息取决于能否确保这些过程有效。若组织决定对某一过程不形成文件化信息，则须通过交流或培训，使员工和其他相关方了解应达到的要求。在文件化信息的采集、标识、存储、保护、检索、保留和处置等过程中，应充分应用信息技术手段，不断提升其动态性、实时性、准确性和全面性，并力求简便易行。

某高端医疗器械制造企业重点围绕国家对于“两化融合”相关标准的深入解读、集中学习、体系策划、文件编写、培训实施等展开“两化融合”相关工作。公司围绕相关标准初步建立起一套符合企业实际情况的“两化融合”管理体系，在管理职责、基础保障、实施过程等管理域中形成了完善的工作体系，并建立了文件化的“两化融合”管理体系。通过公司各部门对“两化融合”管理体系的有效执行，确保公司航卫通用电气医疗管理层及员工能够正确认识、深入理解“两化融合”管理体系的要求、基础及实施方式，从本质上提升了企业“两化融合”建设和管理水平。该公司发布了“两化融合”管理手册及配套文件（具体包括手册、程序文件、支持文件、记录表单）。在文件体系发布前进行了较为全面的培训，经过 3 个月的体系文件试运行，针对各

部门进行了内审培训和考试。贯标期间进行了多次、各层级的“两化融合”培训、体系文件编写培训、体系试运行前培训、内部审核培训等工作。IT部作为“两化融合”具体实施的主责部门，负责监督管理“两化融合”管理体系运行情况，具体包括“两化融合”管理体系相关文件的编写、修订以及相关记录的管理，组织内审管理评审，对发现不符合“两化融合”要求的纠正措施的实施情况进行跟踪及验证。该公司开发建设了E-learning在线学习系统，并在过程中不断优化和完善学习内容，通过在线学习系统的建设，创造更好的内部学习环境和氛围，提升内部员工学习效率，同年还建设了My work shop在线文档管理系统，方便各类文件文档管理。

对标分析：相比于案例企业通过对“两化融合”管理体系相关标准深入解读、集中学习，建立起一套符合企业实际情况的“两化融合”制度文件体系，在管理职责、基础保障、实施过程等多方面推进“两化融合”管理体系的实施运行，保障制度规范的宣贯和落地实施。油气田公司制度文件体系的建设和运行存在系统性和完整性不足、有效性和适宜性有限、宣贯和执行不到位、管理机制尚未建立健全等突出问题。

10.5 多维度实施考核与激励，激发全员参与积极性与创新活力

根据《信息化和工业化融合管理体系》国家标准的要求，企业应将新型能力打造过程中相关人员的绩效纳入组织的绩效考核体系，并逐步探索形成以新型能力为主线的涵盖绩效、考核、薪酬和晋升的管理制度。从目前优秀企业的典型经验和做法来看，绝大多数相关企业能够将“两化融合”目标以及新型能力建设和运行过程中相关指标纳入绩效考核，形成了有效、适宜的绩效考

核管理机制。

以某轨道交通行业大型集团企业为例，该企业建立了全员绩效考核管理体系，根据公司目标明确重点工作和目标，将指标分解到部门和员工，形成年度考核协议。年度协议分解到月，每个月都有具体目标。绩效考核主要包括月度部门考核和年度考核，年度目标管理责任书采用百分制进行积分考核。年度考核得分由重点工作考核得分+关键业绩指标考核得分+管理专项考核+部门财务预算执行考核得分+服务满意度考核得分组成，月度考核由财务预算考核、重点工作考核及员工行为规范考核三部分组成，月度考核结果由OA系统按照权重直接得出。公司建立淘汰制度，每年有几个百分点的淘汰指标，形成了优胜劣汰的氛围。对于“两化融合”的绩效考核，该公司能够对“两化融合”实施以及新型能力建设和运行过程涉及的岗位进行有效识别，并建立了匹配于岗位的绩效考核制度，考核员工能否在工作中根据相关规定开展项目和操作。该公司会给涉及融合工作的员工签订职能部门目标管理考核责任书，每月月初会导出上个月的关键KPI，包括相关KPI数据，整体项目超期率及项目及时完成率等数据指标和项目当月统计分析，并结合考核办法进行激励，将数据共享给相关部门，再结合相关激励管理办法，按月、年进行及时和有效的常态化激励和考核。

对标分析：相比于案例企业对两化融合实施以及新型能力建设和运行过程涉及的岗位进行有效识别，并建立匹配于岗位的绩效考核制度，将公司目标分解到部门和员工个人，建立月度考核和年度考核，并建立淘汰机制。油气田公司绩效考核制度与“两化融合”实施及新型能力改造的关联性不强，职称评定、工资绩效等均没有与信息化工作绩效有效挂钩，多维度考核与激励没有实施到位。

第3部分

油气田两个“三化”的实践

11　传统油气田的痛点

油气开发是将地下资源转化为工业产品的过程，经历勘探评价、钻井完井、地面建设、采集输送、净化处理等流程，工序复杂，业务链长。大多数油气生产场所在荒原大漠、老少边穷地区，远离城镇，工业区域分散，点多、线长、面广，管理与防控范围极大。同时油气生产场所工艺流程复杂，专业涉及面广，大多涉及高温、高压、易燃、易爆，安全风险高，大部分区域分布在生态脆弱、自然灾害频发、环保风险大的区域。近年来，油气开发行业虽然通过技术革新，自动化、信息化水平有了一定提升，但仍然是传统行业模式，组织机构庞大，部门协作程度低，决策执行效率不高，生产仍然以人工值守、逐级上报为主，生产成本居高不下，这种生产方式与今天快速的信息化发展的矛盾日益突出。

11.1　传统管理模式的不足

经营管理在石油企业管理中占有非常重要的地位，面对新形势新常态，以及国家层面对于我国石油企业的定位，国内石油企业经营管理水平尚需进一步加强。目前石油企业实现效益目标的主要障碍已不是技术问题，而是传统的经营观念、管理方式和工作方法。一是各业务部门及生产运营环节传统的单链条、单方向“串联”模式，油气开采各专业、各部门难以实现实时在线的大规模协同，管理效率低下；二是传统的管理模式还停留在看财务数据、听汇报的水平上，尽管企业都根据自身的发展情况对经营管理体系进行了相应的调整，但是其经营管理体系仍停留在比较浅显的层面，往往只管结果，不太关注过程，缺乏有效的监督；三是在经营管理中企业结构冗余，管理层级较多，不利于快速应对市场变化，且岗位配置不合理，导致内部权责不明确，人力资源管理不当，造成人才浪费，从而使石油企业发展效率低下；四是在油气田企业存在信息不通畅的现象，油气田企业网络比较发达，地域广阔，造成生产流程复杂，信息在层次之间的传达困难，这种困难往往表现为预算信息的不对称；五是油田企业存在忽略管理过程管控、考核指标繁杂等问题，给绩效管理工作的落实带来了阻碍，还需通过采取油田企业绩效管理保障体系、制度体系及完善考核指标等措施发挥绩效管理作用，从而满足油田企业绩效管理的需求。

11.2 应用系统的不足

随着油田的大规模开发，地面产能建设规模持续扩大，为了减员增效，数字化油田建设已成为油田地面工程高质量发展的关键因素。油气田开发领域专业应用系统主要是以数据管理为核心，与勘探、评价、开发生产各领域的业务运行管理结合尚不充分，还不能有效支持各项业务的过程管控和精细化管理；勘探与开发生产信息项目独立实施，资源分散，沟通协调困难，导致系统建设效率和质量受到影响；勘探开发生产信息项目建设缺乏统一的业务支撑平台，系统的灵活性和可拓展性都受到制约。目前部分油气田在应用系统建设方面缺乏整体规划、管理复杂，建设分散、独立、适应性不强，跨专业、跨部门应用能力较低，采用的技术及规范各异，无法融合。业务应用方面用户需要面对多套系统、多个账号、功能单一、复杂的操作、处理各种不稳定及兼容问题应用体验差。而且勘探、开发、安全、生产管理等各类信息资源未有效集成，业务流程办理工作大多处于线下管理模式，业务人员耗费大量时间在工作安排和资料搜取，无法支撑跨专业信息共享，也无法为油气田企业生产经营管理提供数据支撑。

11.3 差距分析

11.3.1 信息管理差距分析

目前油气田已有众多信息系统，系统功能设计虽然不尽相同，但每个系统都有各自的应用领域与应用重点，都以数据管理为核心，其缺点是与勘探、评价、开发生产各领域的业务运行管理结合尚不充分，还不能有效支持各项业务的过程管控和精细化管理；并且已建成的专业应用系统还存在着数据标准不统一、公共主数据重复建设的问题，致使数据共享与业务协同困难，存在信息孤岛的问题。通过开发生产管理平台建设模式研究，实现信息化与勘探开发、生产建设、经营管理的深度融合，着力打造业务工作全面协同、数据资源集中共享、决策管理科学高效的统一信息平台，从而推动开发生产业务流程的改造、生产组织的变革和综合管控能力的持续提升，不断提高创新创效能力。

11.3.2 应用系统差距分析

十余年来，公司上游业务信息系统建设取得了重要进展。在开发生产领域已建成的相关系统有：集团公司统建的油气水井生产管理系统（A2）、勘探与生产技术管理系统（A1）、采油与地面工程运行管理系统（A5）、油气生产物联网系统（A11）等等，形成了公司高价值专业数据资产，为生产、科研管理提供准确、及时、全面的数据支撑服务。同时公司结合了自身特点完成了一系列自建系统，先后建成了管道和场站管理系统、生产运行管理平台、设备综合管理系统，油气生产物联网（A11）示范工程、作业区数字化管理平台等自建系统，利用物联网技术，建立公司规范、统一的井、场站、作业区、处理厂数据管理平台，实现了现场管理模式创新。这些统建与自建系统的建设和应用，有效支撑了油气田的信息系统建设，提升了油气田公司开发生产管理效率，为油气田生产300亿天然气提供强有力的信息技术支撑。

到2018年，基本实现了开发领域的数字化生产。以物联网为基础，建立了覆盖公司、油气矿、作业区的开发生产管理全过程的数字化支撑体系，实现了一线场站基础工作安全受控、作业区业务“三化”管理、公司及油气矿开发生产数字化、流程化管理。

11.3.3 组织与人员差距分析

油气田管理除了对设备和制度的管理外，对人员的管理也十分重要。油气田组织的人员管理涉及的技术工种、职业、部门非常多，管理人员除了要合理分配工作人员外，还应做好管理人员的沟通工作。但当前许多油气田人员管理没有做到科学、有效的人员管理，对人员管理的有效性不强。许多油田地面工程建设过程中，为了充实劳动力，会就近招聘一些民工作为劳动力，但又不对劳动力进行岗前培训，这些民工不单单工作业务不熟练，在工作期间的安全意识和安全防范也不到位，安全事故发生的隐患极大，不但影响工程施工效果，一旦发生事故，还容易造成工期延误。

11.3.4 开发决策定量化分析的不足

为了满足客户的需求，在传统管理模式下，管理者们不得不对市场进行预测，提前备料，制作一些“安全”库存等措施。尽管如此，还会经常因为交期和价格问题受到客户的抱怨。而且，企业内部也因为市场环境的“恶劣”痛苦不堪。市场预测偏差造成大量制品的浪费，大量的场地在搁置库存品，企业内部物流周转道缓慢，生产周期无法提升，业务部门在接订单时谈判毫无优势。

传统油气田开发管理以及科技人员一般关注管理和技术较多，关心经营状况较少。为了减少决策失误、提高经济效益，国外各大石油公司越来越重视定量化风险分析。油气作为传统化石燃料中的重要组成部分，要想紧跟第三次工业革命的浪潮，取得更长远的发展，就必须寻求适合自己的发展路径。提高互联网技术的战略地位；加强数字化信息技术在油气勘探开发中的应用、创新；提高油气利用效率以及与现代信息技术的融合都将是谋求油气行业长足发展的必由之路。从管理理念、生产组织、战略规划、技术研发等方面和互联网技术进行创新组合与发展，打破传统油气开发的封闭落后思想与管理，新时代油气开发紧跟第三次工业革命的快速步伐，不断提升油气企业发展的增长动力。

12 开发领域全面推行两个“三化”

12.1 “三步走”战略

油气田要结合以气为主的业务特点，围绕稳健发展与加快发展，全面贯彻绿色发展理念，建立低碳清洁能源体系，保障国家能源战略安全，优化公司业务结构，巩固发展一体化优势，加快天然气业务发展，加快国内页岩气规模建产，不断增强公司的竞争力、影响力和保障能力，通过“三步走”战略，最终实现到21世纪中叶，油气当量保持5000万吨以上并稳产20年。规模实力、核心竞争力和创新创效能力保持国内领先、达到国际一流，成为拥有充分话语权和影响力的天然气领军企业、引领国内天然气技术发展的标杆企业、体现中国特色的现代企业制度优越性的代表企业。

围绕“三步走”战略，油气田要坚定不移地贯彻党的路线方针政策和国家发展战略，坚持稳健发展、稳中求进，充分发挥上中下游一体化优势；要持续完善体制机制，强化顶层设计，坚持问题导向，推动发展方式、经营机制、管理模式的转变提升；要大力推进科技创新，强化开放共享和联合攻关，狠抓重大专项和现场试验，努力突破一批关键核心技术、推广一批先进成熟技术、研发一批前沿储备技术；要持续推进管理创新，大力实施“两化融合”，深入开展开源节流、降本增效，不断推动公司发展转型升级、提质提效。

12.2 “油公司”模式改革

为贯彻落实集团公司人事劳动分配制度改革总体部署，有序推进“油公司”模式改革工作，推动油气田公司（以下简称“公司”）高质量稳健发展，持续提升公司核心竞争力，实现“三步走”战略目标，油气田公司特制定公司“油公司”模式改革实施方案。

按“职能定位明晰化、组织机构扁平化、甲方主导高效化、要素保障市场化”的基本思路，以打破“大而全、小而全”业务结构，大力提升增储增产增效能力为目标，以业务归核化发展为主导，以组织结构扁平化为支撑，以数字化建设为手段，突出主营业务，精简组织机构，压缩管理层级，优化资源配置，配套管理机制，强化激励约束，稳步推进“油公司”体制机制改革各项工作任务有效落实，为公司全面决胜300亿、加快推进500亿战略大气区建设，实现高质量稳健发展提供有力支撑。

“油公司”改革实施方案工作目标：到2020年末，基本建成“主营业务突出、辅助业务高效、生产绿色智能、资源高度共享、管理架构扁平、劳动用工精干、市场机制完善、经营机制灵活、制度流程顺畅、质量效益提升”的油气田特色“油公司”。

①“油公司”业务归核化发展方向明确。主营业务做强做优，辅助业务做精做专，低端低效业务关停并转取得有效突破，业务布局更加清晰、业务结构更趋合理，基本构建符合“油公司”特点的上中下游一体化业务运行体系，公司整体盈利能力和核心竞争力显著增强。

②“油公司”组织架构扁平化初步成型。完善“公司—油（气）矿—采输气作业区”的组织架构，新区新建产能试点“油气田企业—采油（气）作业区”新型管理模式。按照优化协调高

效和职能综合化的“大部制”方向，调整优化二级单位机关机构设置；在产能建设上，实行“公司+事业部”的两级管理模式；油气生产实施“中心站+无人值守井站”组织模式；天然气净化、终端燃气等业务管理层级进一步压减，组织架构更为扁平、高效。

③“油公司”市场化用工模式基本建立。通过市场化机制在主营业务领域探索“管理+专业技术+核心技能岗位”或“管理+专业技术岗位”直接用工、其他操作服务岗位和非主营业务领域推行第三方用工或业务外包的“油公司”用工模式，与人力资源战略合作伙伴合作机制运转顺畅，人力资源保障问题得到有效解决，不低于员工总量5%的显化富余人员得到妥善安置，2020年公司员工总量控制在3万人以内，百万吨当量用工1255人；2025年公司员工总量控制在2.5万人以内，百万吨当量用工628人。

④“油公司”数字化油气田总体建成。以油气生产物联网建设应用实现在役生产场站数字化覆盖率100%，确保现场安全受控；以勘探、开发、管道、生产等专业信息化平台建成投用实现应用集成和数据共享，提升主营业务管理效率。通过全面完成“油公司”模式下数字化油气田建设，实现公司生产运行“岗位标准化、属地规范化、管理数字化”和“自动化生产、数字化办公、智能化管理”的两个“三化”管理。

⑤“油公司”激励约束机制健全完善。全面建立以岗位价值为基础，以业绩考核为重点的薪酬激励约束机制，形成“薪酬能升能降”的动态管理机制；推行单位和领导人员岗位管理“去行政化”，破除行政级别和身份限制，按照权责对等原则建立激励约束机制，激发员工活力，增强企业创新创效能力；配套完善精准激励政策，靶向瞄准核心骨干员工实施有效激励；加大对解决生产经营中的重点难点和短板瓶颈问题并为公司做出突出业绩的

特别贡献奖励力度，有效发挥重点激励作用。

到2025年，全面建成国内一流、国际接轨的油气田上中下游一体化特色“油公司”模式，实现利润107亿元，经济增加值（EVA）83亿元，投资资本回报率11%，全员劳动生产率、人工成本利润率、吨油当量完全成本等关键指标在油气田企业排名前列，改革成果不断呈现，员工队伍结构更为优化，资源配置市场化程度不断提高，公司综合实力和市场竞争力显著增强。

12.3 匹配战略落地，全面推行“两化融合”的发展需求

实践证明天然气产业一体化发展模式是适应四川盆地天然气产业发展特征与发展环境的独特的一种经济发展战略与管理模式。这一模式通过勘探开发技术创新，统筹常规与非常规资源，提升资源供应能力；通过输送储存技术创新，建立高效快捷的储运枢纽，提升运行保障能力；通过市场销售技术创新，优化市场配置实现资源最优化利用。上中下游全产业链的技术创新，为天然气产业整体效益最大化提供了有力的技术支撑。这一模式通过规划布局一体化部署、体制机制一体化构建、运行调配一体化实施发挥最大能效；通过责任体系一体化落实、企业文化一体化建立、企地协同一体化推动发挥最大潜力。产业链中两层次、全方位的管理创新，为天然气产业整体效益最大化提供坚实的管理保障。这一模式通过全产业链的信息化、数字化和智能化，统筹技术与管理、决策与优化，充分运用集成化和平台化技术，大幅度提高产业发展数率，为天然气产业整体效益最大化提供高效的信息手段。

2020年1月6日，油气田公司召开2019年度生产经营分析视频会。公司上下深入贯彻落实习近平总书记“加快国内油气勘

探开发”重要批示精神，按照集团公司总体安排部署，圆满完成各项目标任务，储量、产量、销量、效果均创历史新纪录，产量、利润双双跃居集团公司上游板块第四位，油气当量跨上千万吨新台阶，踏上了决胜百亿新征程。油气田通过多年的信息化建设，着力加强信息化与勘探开发、工程技术、生产运行、科学研究和经营管理等重点业务的深度融合，全力推进数字气田建设，在“云、网、端”基础设施配套、数据资源共享服务、专业系统深化应用、多业务一体化集成等方面取得了长足进展，信息化建设逐渐由单一系统建设、单一部门使用、覆盖单一业务，逐步向业务流程优化、系统平台化、信息共享化、应用集成化、专业一体化方向发展，有力地保障了主营业务高效稳健发展。

围绕油气田的发展战略，消除信息孤岛、拆除协同藩篱，催生公司体制机制演化、促进传统生产组织与营运方式的变革，注入公司可持续发展新动力，形成油气田勘探开发生产经营业务管理“自动化、一体化、协同化、智能化”的新形态，逐步迈向智能化气田，是油气田“两化融合”发展的重点任务。

对“两化融合”进程中存在的不适用问题，需要从管理上依托“两化融合”进行调整。“两化融合”是对组织多角度的综合描述，反映了“组织结构+业务流程+信息技术”的总体设计和安排，是连接企业战略、融合先进技术趋势，指导业务优化和信息化方案设计的重要手段，使信息化建设从“局部规划和设计”向“全局规划和顶层设计”转变，最终走向可持续发展的轨道，“两化”深度融合是企业高质量创新发展的最佳实践。

12.4 两个“三化”整体推进的实践之路

油气田公司从油气田信息化现状以及业务管理内在需求分析出发，以业务流程管理的建设为基础，基于各信息平台技术搭建覆盖油气田开发生产全过程的业务管理应用平台，实现集规划、产能建设、油气藏工程、采油气工艺、油气集输、天然气净化的全业务信息化管理与应用，实现公司开发生产核心业务全生命周期管理的应用平台。并通过对现有已建系统的应用集成，实现多部门、不同层级之间的生产业务管理的协同，转变生产组织方式，改变经营管理模式，再造业务流程，真正实现地质与工程、勘探与开发、科研与生产、管理与经营的数字化和智能化管理。

12.4.1 两个“三化”融合整体推进成效

为明确公司信息化存在的短板和突破方向，通过打造信息化环境下的新型能力，获取公司可持续竞争优势，助力公司战略目标实现，2017年油气田启动“两化融合”管理体系贯标工作，成为国家级“两化融合”管理体系贯标试点企业，并于同年首次通过“两化融合”贯标评定。2018年，在原有油气生产过程一体化智能管控、油气生产经营效益实时评价、作业区数字化管理效率提升、油气生产设备精细化管理等能力的基础上，公司开展了油气生产管道一体化管控能力的建设，并于2019年通过第一次监督审核，获得成都市“两化融合”管理体系贯标奖励。

1. 已识别的新型能力需求

①油气生产过程一体化智能管控能力。面向油气生产全过程，基于SOA技术架构，利用物联网技术、自动化技术、数据集成技术建立油气生产全过程多单元远程监控、多业务协同、井筒完整性评价与预警等功能的一体化管控系统，实现“单井无人值守、中心井站集中控制、远程协作支持”生产管理新模式，实现从单井生产－处理净化－管道输送－终端销售的全业务链实时生产动态的分级、实时管控，提升油气生产全过程安全管控水平，提高生产效率，降低运营成本，形成以“生产自动化、管理协同化”为核心的油气生产过程一体化智能管控能力。

②油气生产经营效益实时评价能力。发挥产运储销一体化优势，充分利用勘探开发 ERP 系统、油气水井生产数据管理系统（A2 系统）、生产运行系统、财务管理信息系统（FMIS）等数据资源，基于财务指标计算逻辑，形成气田的成本费用分摊规则和计算方法，建立可对项目整体效益进行动态跟踪和评估的系统。对新建项目均进行项目效益评价，以强化生产和经营数据的集成和动态分析，提高效益评价的实时性和准确率，确保产销平衡、以销定产，提高内部收益率，提升公司生产经营决策能力。

③作业区数字化管理效率提升能力。借助物联网、移动应用、大数据技术手段，推动以“岗位标准化、属地规范化、管理数字化”为目标的作业区数字化、信息化建设，实现作业区生产巡回检查、常规操作、分析处理、维护保养、检查维修（施工作业）、变更管理、属地监督、作业许可、危害因素辨识、物资管理等 10 大关键业务流程的简化、优化和信息化，优化作业区生产组织模式，全面提升作业区生产管理效率。

④油气生产设备精细化管理能力。基于场站综合评价，利用物联网技术，以设备精准运维、动态管控为目标，实现设备物联信息自动采集、关键设备远程控制、安防设施全面覆盖，设备动静态信息达到标准化管理水平，促进设备科学健康管理，确保设备在公司勘探开发生产运行过程中的效能最大化。

⑤油气生产管道一体化管控能力。以集输气管道运行状态多级监控、管道外部风险有效防控、管道完整性管理为目标，利用物联网、自动化、无人机、移动终端、视频人形识别及物品移动侦测等技术，实现阀室数字化监控，关键设备远程可控，高风险点安防设施全面覆盖，管道数据标准化、电子化管理，不断提升管道巡护工作质量及增强管道监控能力，确保集输气管道的安全平稳运行。

⑥勘探开发一体化业务协同能力。建设勘探开发生产一体化

管理业务应用平台，全面支撑从矿权、储量、物探/井筒工程到油气藏工程、产能建设、采油气工程、油气集输、天然气净化等公司上游核心业务，通过网络化成果共享、流程化业务管理、平台化工作应用的新型模式，实现勘探、开发全业务链数字化管理，整体提升公司勘探、评价、开发、生产一体化业务协同能力。

⑦科研协同创新能力。利用SOA技术、云平台搭建一体化研究环境，深化应用勘探开发数据资源，支撑油气藏、井筒与管道等专业科研攻关，实现油气藏科研标准统一、高效协同、数据和成果共享，科学指导一线生产，最终达成多专业、多部门、跨地域协同研究与深度融合，全面提升科研协同创新能力。

⑧市场分析与营销决策支持能力。搭建市场分析与营销决策支持服务平台，利用宏观环境研判、经济数据分析、大数据处理等手段，提升公司天然气市场销售和终端燃气业务的信息化、智能化管理水平，重点提供市场需求预测、价格承受能力分析、销售结构优化、价格方案设计等市场营销决策参考，全面支撑公司天然气营销量价同增。

2. 新型能力建设取得的成效

①打造“油气生产过程一体化智能管控能力”。油气矿开发项目部着力抓好物联网系统的完善建设和井筒完整性管理系统、生产数据平台、预警可视化系统的深化应用，全面提升油气生产过程一体化智能管控能力。一是提升场站数字化系统覆盖率和数字化场站远程可控率，降低生产井异常关井井次。2017年底共有68座井、站、阀室，生产场站数字化系统覆盖率100%、远程可控率为90%，截至2018年1月共有81座井、站、阀室，通过2018年实施的物联网系统完善建设工程，目前数字化系统覆盖率和远程可控率均已达到100%。2017年井站内联锁设备异常自动关断共导致生产井关井停产15次，截至2018年11月共

有 8 次，预计年内控制在 10 次以下。二是提升数据全面性、可用性。从设备硬件及基础数据配置完善方面，提升生产实时数据入库率；从数据治理方面，发挥生产数据平台数据统一管理的功能，提升生产实时数据点表映射符合率，数据映射点位数由 2438 个增至 6206 个，比率保持 100%。三是提升井筒完整性管理综合效率。通过将油气水生产数据管理系统、生产运行系统以及井口抬升等相关数据集成到井筒完整性管理系统，实时更新、统一发布，提升井筒完整性管理综合效率。目前，已将井筒完整性评价、预警、措施制定、施工设计、效果评估等过程管理周期持续保持在 40 天。四是新增环空带压预警准确率。通过油气井管道站库生产运行安全环保预警可视化管理系统大数据模型与生产实时数据的结合应用，实现环空带压预警，提升环空带压预警准确率至 98%。

②打造"油气生产经营效益实时评价能力"。油气矿开发项目部着力抓好五个匹配项目的深化应用，全面提升油气生产经营效益实时评价能力。一是实现项目全生命周期管理。项目全生命周期管理系统上线后，通过手工录入、报表导入以及 ERP 系统与钻井数据库、A2 系统、产能建设数据库的集成，投资计划、产能建设、钻井工程、地面工程、井站生产等数据全部进入系统管理，形成了完整的项目管理数据库，保障项目数据完整性达到 100%，实现在同一个平台上开展多维度业务分析，定制业务分析报表，为管理人员实时掌握项目全貌提供技术支撑平台，以实现建设项目结算、生产成本管理和销售收入管理等主要财务工作流程的信息化管理。二是全项目实现效益实时评价。某气藏天然气开发项目，管理钻井项目由 2017 年的 32 个提升为 36 个，地面建设项目 44 个，已全部纳入项目全生命周期管理系统管理。通过相关系统中产能数据的及时更新以及钻完井数据、生产数据每月一次的同步更新，满足业务部门对开发井每月进行 1 次效益

评价的实际需求，实现实时评价投资效益。三是辅助支撑业务管理部门决策。通过设定全生命周期管理项目收入、成本、费用归集与分摊规则，对成本费用进行计算，并对项目的投资、成本、收入、现金流等数据评估项目效益，及时调整项目投资。项目后评价内部收益率由2017年的30.29%提升至46.71%，实现了以项目为单元来评价项目运行的经济效益，为经营管理决策提供依据。

③打造“油气生产设备精细化管理能力”。公司通过设备综合管理系统、物联网完善、作业区数字化管理平台等系统建设和勘探开发ERP2.0系统、生产数据管理平台的深化应用，搭建设备精细化管理平台，规范设备管理程序，实现设备物联信息自动采集、关键设备远程控制、安防设施全面覆盖，设备动静态信息达到标准化管理水平。设备精细化管理从基础管理、运行管理、业务流程管理上得到提升。一是设备基础管理系统化，实现设备数据标准化、网络化。通过设备相关系统的建设及资料的管理，实现了设备从计划、选购、监造、验收、安装、调试、投产资料的全面收集及设备技术档案、基础台账的网络化，构建了统一、规范的设备数据标准，为设备全过程综合管理分析提供了有力的数据保障，支持设备管理各环节管理决策。设备技术文档电子化档案入库率由以前的43%提升至70%。二是设备运行管理数字化，实现设备运行过程实时掌控。通过物联网工程建设实现设备运行数据的实时自动采集，使业务人员能够实时了解设备运行状态，在降低设备巡查强度的同时，实现对设备的实时管控，达到对设备维护、故障处理的提前介入，减少不必要的故障发生，全面提升管理人员对设备的及时管控能力，确保设备平稳、安全运行。公司关键设备运行方面，关键设备操作维护标准信息化覆盖率由36%提升至56%，关键设备数字化覆盖率由28%提升至35%，数字化关键设备远程可控率达到48%，关键设备电子巡

检覆盖率由76%提升至95%。在实现对设备实时掌控的同时积极开展设备故障智能预警、智能诊断，辅助设备精细化管理，缩短设备停机时间，提升设备运行效率。三是设备管理业务流程信息化，实现设备管理业务过程精细化。将设备设施巡回检查、常规操作、分析处理、维护保养、变更管理、作业许可等九大设备管理业务流程信息化，实现了设备设施管理业务工单的网络分发，操作步骤有确认、操作环节有监督、操作数据有收集、操作结果有验收，设备精细化管理水平大幅提升，达到预期目的。

④打造“作业区数字化管理效率提升能力”。油气田以作业区数字化管理平台应用、物联网建设完善工程为契机，将一线站场分散、多级的传统生产组织模式向“中心站管理+单井无人值守+远程控制”转变，促进了作业区数字化管理效率大幅提升。一是通过作业区数字化管理平台的深化应用，将生产场站巡回检查电子化覆盖率由以前的69%提升至76%；生产场站故障转变为线上跟踪，线上处置有效率提升50%；通过平台进行现场作业属地监督，有效率提升20%。作业区由日常巡检由传统的井站每日人工巡井、录取数据由中控室集中监控、中心站电子巡井、实时数据采集所替代，延长了无人值守井站巡井周期。通过作业区数字化管理平台的应用，大幅提高了工作质量与效率。二是通过物联网完善建设项目，生产场站数字化系统覆盖率提升至88%，生产站场远程可视化覆盖率由69%提升至76%；通过物联网技术的应用，让员工能够及时、准确、连续地掌握生产动态，实现生产现场的自动连续监控，确保人员、设备的安全和生产平稳运行。

⑤打造“油气生产管道一体化管控能力”。一是运行管理，通过物联网完善工程等匹配项目的开展，实现监控阀室数字化覆盖率从64%提升到73%，监控阀室远程可控率从54%提升到64%，增强阀室的数字化管理水平、管道截断装置的远程控制能

力，通过 SCADA 系统对管道运行情况实行多级监控，保障管道内部安全、高效运行。二是巡护管理，借助 GPS 巡检、无人机巡检、视频监控等信息化手段，实现管道电子巡检到位率从80%提升至 85%，监控阀室视频监控率从 16%提升至 38%，重要集输气管道高后果区管段视频监控率从 0%提升至 48%。保障管道巡护工作“全天候、全覆盖”，提高管线的防控手段，及时发现和掌握影响管道安全外部的因素，实现管道第三方破坏“0”次的目标。通过运行管理和巡护管理能力的提升，确保集输气管道失效率低于每年每千米 0.4 次。三是完整性管理，通过电子沙盘信息系统的应用提升数据的全面性和可用性，实现管道数据标准化、电子化，动静态管理信息的“可看、可查、可交互”，提升数字化管理水平，管道完整性管理资料、数据入库率保持100%，多措并举全面实现管道一体化管控。

12.4.2 两个“三化”融合组织体系与职责

1.“两化融合”组织体系

公司成立了由最高管理者、管理者代表、信息管理部、规划管理部门、财务处、劳动工资处、企管法规处（内控与风险管理处）、生产运行处、科技处等业务管理处室及信通中心、勘探开发研究院、油气矿等所属二级单位相关部门组成的“两化融合”组织体系。油气田“两化融合”管理组织成立以来，组织结构与其对应职责经历多次调整。2017 年，当时的油气田公司总经理签署《中国石油××油气田公司两化融合管理手册》（以下简称《管理手册》）批准令，作为油气田“两化融合”管理体系纲领性、约束性文件，正式成为全体员工必须遵守的行为准则，同时任命副总经理为“两化融合”管理者代表。2018 年，油气田就“两化融合”组织体系设置及相关职责进行调整。在第一次监督审核期间，最高管理者任命副总经理为管理者代表，对“两化融合”组织体系设置及相关职责进行相应调整。在“两化融合”工作逐步深入推进的过程中，油气田对“两化融合”管理组织结构与职责不断完善与优化，并将领导职责、部门职责、岗位职责及业务流程职责等重要内容在《管理手册》中予以明确。

2. 最高管理者和管理者代表

最高管理者授权任命了管理者代表，结合原有部门职能，有效落实了“两化融合”管理体系相关职能，明确了“两化融合”推进部门及关键部门的职责并建立了协调沟通机制，以确保体系建设有效推进；关注了从战略出发识别可持续竞争优势及新型能力的需求，制定了“两化融合”方针，基本明确了“两化融合”目标，为新型能力的建设提供了必要资源，通过会议、邮件等多种方式向全员传达本企业推进“两化融合”以打造信息化环境下新型能力的重要性和必要性。最高管理者组织进行了管理评审。

管理者代表在“两化融合”相关的决策建议方面有较好的发言权，能够有效地推进公司“两化融合”管理体系的建立、实施、保持和改进；能够向最高管理者定期或不定期报告“两化融合”管理体系的绩效和改进需求；能够采取培训、考核等方式提升公司全员对打造信息化环境下新型能力的意识；能够应用信息技术手段推动技术、业务流程、组织结构的优化、创新和变革，持续提升数据的开发利用能力。管理者代表参与对新型能力的优化过程，确定方案，协调实施过程的资源，并组织完成了“两化融合”管理体系内部审核。

3. 主要业务部门职责

（1）信息管理部

负责公司信息化工作领导小组办公室日常工作；负责组织贯彻落实国家和集团公司信息化工作的法律法规、规章制度和相关技术标准；组织制定修订公司“两化融合”管理相关制度、标准、规范；负责组织编制信息化发展规划、年度计划、经费预算，组织信息化发展规划实施，组织年度工作计划执行情况的检查；负责组织制定“两化融合”方针和总体目标，规划和完善新型能力体系及目标；负责组织信息技术类项目立项审查、可行性研究、初步设计等环节涉及的信息技术标准规范和技术方案的审查。负责组织阶段成果检查；负责组织跨多业务领域“两化融合”项目试点建设和推广应用；负责组织编制公司信息系统运行维护年度计划和经费预算；负责组织开展信息系统总体控制、信息安全相关工作；负责对公司所属单位“两化融合”工作进行业务指导和监督管理；组织公司“两化融合”内审和管理评审工作；负责组织“两化融合”培训、交流工作。

（2）规划管理部门

负责下达“两化融合”项目的前期工作计划、可行性研究和初步设计审批、投资计划等。

（3）财务处

负责“两化融合”工作中费用化项目资金预算的审核、资金拨付、资金使用的监督检查；负责指导公司信息系统、通信系统运维费用预算编制工作；负责批准后相关预算拨款。

（4）企管法规处（内控与风险管理处）

负责指导“两化融合”项目建设过程中的业务流程梳理，负责审查系统固化的业务流程符合内控要求。

（5）公司机关业务管理部门

负责本业务领域“两化融合”相关标准、规范的宣贯执行；负责确定本业务领域“两化融合”新型能力及年度目标；负责提报本业务范围内“两化融合”项目建设需求计划；负责项目建设过程中的业务指导；组织审定项目建设需求；负责根据业务实际提出系统运行维护需求；负责系统应用安全管理；负责组织本业务领域“两化融合”项目的上线试运行验收；负责组织本业务领域的数据开发利用。

（6）信通中心

信通中心参与公司信息化发展规划，以及相关制度、标准、规范的编制；负责实施公司在用信息系统运行维护管理和安全防范工作；负责信息系统总体控制和应用系统控制实施工作；负责对公司和所属二级单位“两化融合”项目建设和运维提供技术指导、技术保障；负责与基础设施、生产运行、经营管理、综合办公相关的统建统推“两化融合”项目建设及实施过程中的技术支持，负责办公网、生产网的信息基础资源统一规划和管理，负责中国石油××区域数据中心运行管理；负责与勘探开发业务、地理信息系统相关的统建统推“两化融合”项目建设及实施过程中的技术支持。

4. 公司所属二级单位主要职责

执行公司信息系统建设、应用和运维工作相关技术标准和规范；负责编制本单位“两化融合”策划与实施运行管理细则；负责本单位“两化融合”项目的立项申报、前期工作和建设实施；负责组织开展信息系统上线前的数据准备、用户培训和系统运行期数据常态化管理工作；负责本单位信息系统运行维护和信息安全工作；负责本单位“两化融合”数据资源的收集、运行维护及开发利用；负责本单位“两化融合”项目策划和实施运行过程中技术、数据、业务流程和组织机构进行有效匹配、规范化与制度化；负责本单位新型能力目标实现的自我评价和测量；负责本单位内审问题的整改。

12.4.3 “两化融合”管理体系实施运行情况

由于现阶段油气田“两化融合”的策划设计和统筹运行管理机制尚不健全，导致“两化融合”管理体系实施、保持和改进的效率较低。一是存在多体系管理融合的问题，基层员工在贯彻管理体系时没有做好多体系的整合工作，各种管理体系冗余、综合事务繁杂，且尚有管理盲区和不明确的地方，体系的运行效率有待提升。二是协调沟通方式有限，基层会议任务相当繁重，关注自身业务发展的精力不够，各种信息化设备设施标准不统一、难兼容，仅多系统的接口和流程协调性的工作就占用了大部分的时间精力。三是多部门协同管理不足，目前没有一个统一的指导，尤其是科研单位与其他部门之间的协同不足，业务部门关注的维度和科研领域不一样，缺乏统一的信息架构，有时候能够统一考虑，但是在执行的时候有些散乱。各信息应用系统不兼容，跨部门工作效率低，各业务部门的一些想法和建议相对独立，也缺乏系统性。四是信息管理成为瓶颈，陈旧的思维与管理模式亟待扭转，主要体现在信息和业务没有融合，基层响应很热烈，但机关业务管理没有参与进来。机关业务管理层及业务部门有必要思考怎么围绕战略、支撑战略。目前能力打造和具体项目之间存在脱节现象，机关和基层信息不对称，导致机关专业部门缺少对基层信息的及时把控，基层缺乏对相关政策信息的正确掌握；由于存在“等、靠、要”的思维惯性，部分流程执行效率低下，控制执行不到位。

12.4.4 “两化融合”发展水平及现状

2019年油气田公司“两化融合”水平评估成绩在全国企业中高于94.86%的企业，在同行业中高于67.86%的企业，比2018年提高1.34个百分点（表12-4-1）。通过一年“两化融合”工作实施与推动，公司基础建设提升了1.21个百分点，协同创新提升了1.5个百分点，经济与社会效益提升了5.13个百分点。2019年，公司所有指标得分均高于全国企业平均水平，部分指标得分高于石油和天然气开采业行业平均水平（表12-4-2）。同时，公司在单项应用、竞争力、经济和社会效益指标得分较国内行业平均水平仍存在一定差距（图12-4-1）。

表 12-4-1　油气田公司 2017—2019 年评估得分变化表

序号	指标项	2017 年	2018 年	2019 年
1	基础建设	81.41	90.14	91.35
2	单项应用	72.88	71.70	74.38
3	综合集成	77.02	67.74	68.14
4	协同创新	59.75	74	75.50
5	竞争力	83.28	78.18	73.27
6	经济与社会效益	35.07	65.89	71.02
总分		74.77	75.92	77.26

表 12-4-2　2019 年油气田公司评估得分与全国企业及行业平均得分对比

企业 指标	中国石油××油气田公司	全国企业	石油和天然气开采业行业
基础建设	91.35 分	58.47 分	79.51 分
单项应用	74.38 分	50.81 分	78.34 分
综合集成	68.14 分	39.80 分	59.30 分
协同与创新	75.50 分	35.37 分	69.24 分
竞争力	73.27 分	63.06 分	79.50 分
经济和社会效益	71.02 分	58.94 分	73.16 分

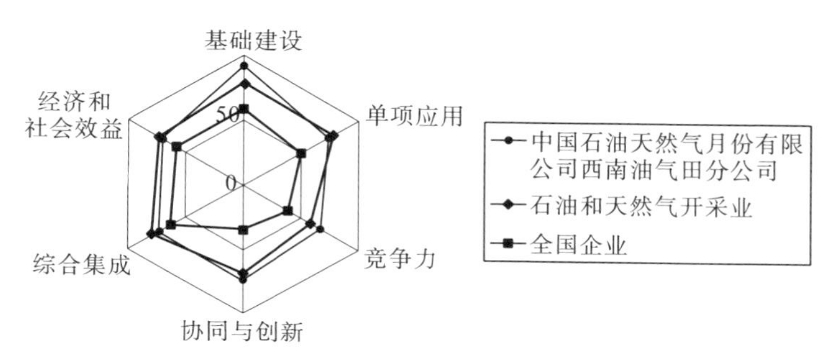

图 12－4－1　油气田公司评估得分与全国企业及行业平均得分对比雷达图

油气田“两化融合”处于综合集成阶段，已经从“单点突破”“多面开花”发展到“体系制胜”的阶段。智能化气田进入精细复杂阶段，实践的关键成功因素已经从一点到多点，从关注局部向统筹全局转变，从单纯关注技术向全要素协同转变，难度越来越高。

评估结果显示，在基础建设、综合集成、协同与创新等方面得分较高，与全国和同行业相比具有明显优势。这得益于：第一，油气田公司信息化基础建设投入巨大，设备设施完善，对信息化建设及“两化融合”管理体系建设的高度重视；第二，油气田公司在“两化融合”环境下跨部门、跨业务环节的业务综合和集成情况较好，在管理与控制集成、产供销集成、财务与业务集成、决策支持等方面，均具有较高信息化水平；第三，公司在产业链协同和集团管控方面投入较大力量，不仅实现了战略管控，使管控平台达到全方位覆盖，并在较大程度上实现了产业链企业（部门）间的信息交互、业务协同和资源共享。

13 成熟度评估

13.1 指标体系构建原则

从指标体系构建的主要原则入手，选择科学合理的评价指标体系，保证“两化”评价的科学有效性。

指标体系构建的主要原则：

①科学性。科学性原则是制定指标体系的基础和前提，构建一个科学合理的指标体系能够极大地提高结果的有效性。对油气田油气生产领域构建“两化”应用评价指标体系需结合“两化”应用现状，选择能够客观、科学反映“两化”应用特征的指标，使整个指标体系能够较好反映“两化”应用现状。

②重点突出原则。在构建评价指标过程中，评价层次和深度不同，评价指标就有不同的选择。由于“两化”是一个宏观的概念，尽量从管理层面和组织层面的主要因素入手，综合考虑“两化”融合影响因素，避免过多考虑微观层次因素，重点突出宏观主要指标，使指标体系简明实用、重点突出。

③定量与定性分析相结合。实践是检验理论研究的唯一标准，在评价指标体系构建之后还需进行实证论证。首先指标之间存在一定的冗余，需要对指标进行筛选，选择具有代表性的指标来反映融合现状；其次，应明确各指标选用依据；最后，由于论证需要大量数据的支持，理论研究出的指标多存在不易获取的缺陷，本研究采用定量与定性分析相结合的研究方法，在选取指标时尽可能选取量化和确定性的。

④动态性。“两化”是一个不断发展、动态的过程，影响融合的因素也在不断产生、交替，因此评价指标体系的选择应该紧跟时代发展潮流。随着经济形势和客观条件的变化不断调整指标体系，综合评估融合现状，使整个指标体系更具有价值性。

13.2 成熟度等级划分

两个“三化”应用成熟度等级模型是用来衡量两个“三化”在油气田开发勘探中的应用水平、管理状态的。“成熟度”一词形象地描述了万物从无到有的成长过程，发展到一定阶段即进入成熟阶段，两个“三化”的应用过程就是成长的过程，因此应用成熟度模型能够衡量油气田下属油气田两个“三化”的发展水平。

成熟度模型（CMM）是用一种用于评价软件承包能力的方法，现在广泛应用到其他领域，在大量阅读以往研究有关两个“三化”成熟度模型的文献基础上，构建我们的两个“三化”成熟度等级模型。将两个“三化”应用成熟度等级模型分为初始级、基本级、适应级、成熟级、优化级五级。在图13－2－1中，成熟度等级模型从最下层初始级开始至最上层优化级形成了一个金字塔结构，对应应用水平由差到优，两个“三化”融合由下至上递增发展，每级下层是其上层发展的基础。

1. 初始级

处于此阶段的油气田，其两个“三化”管理是无序的并且呈混乱状态的，其特征为：企业的经营活动没有标准可依，油气开发活动靠个体的经验，而非统一遵守的规则和一致的标准化行为。

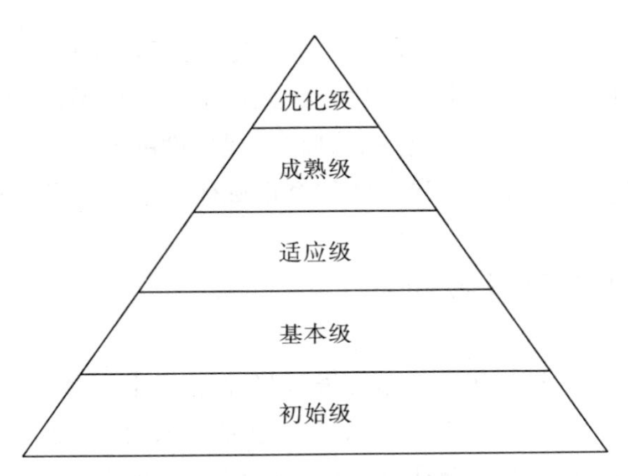

图 13-2-1　成熟度等级模型结构

2. 基本级

处在此级别的油气田已经建立了一套比较合理的两个“三化”技术标准体系，在一定范围内、一定程度上规范了经营活动，企业的开发、生产、经营等活动依据一定的规则，对于重复的工作形成技术标准化文档，利于重复使用和共同使用。

3. 适应级

处于该级别的油气田的两个“三化”技术标准化管理程度已经逐步迈进规范化，能更加规范有效地开展企业经营活动，企业的开发经营活动等行为有比较明确的衡量标准，对经营管理过程进行了定义与集成，并形成制度。

4. 成熟级

处于该级别的油气田，能够对其经营活动做出比较精准的度量。通过对技术标准化工作绩效的监测，建立量化评价指标，对企业技术标准化体系运作效果进行分析，并采取相应的控制措施提高体系的运作效果。对企业的经营活动风险进行预警，及时采取预防措施，开展事前管理，大大提高企业的综合竞争力。

5. 优化级

技术标准化管理成熟度的最高级是优化级，达到这个级别的企业能够从战略管理的高度来规划企业的技术研究方向和技术发展路线图，并对企业内外部环境进行分析，开展全面质量管理和精益化管理。

13.3 指标体系构建

13.3.1 评价指标体系的组成

信息技术广泛应用到油气田企业生产的各个环节并成为其经营管理的常规手段，组织层面和操作层面两个“三化”进程已不再相互独立，而是双方在业务发展战略与信息化发展战略、产品融合、业务流程融合、技术装备融合、人才融合、资源融合等各个层面相互交融，在全面信息化基础上催生一批新兴产业，实现了业务流程集成化、生产过程自动化、决策支持智能化、管理方式网络化、商务运营电子化。油气田企业实行两个“三化”的目的是提高企业市场竞争力和发展潜力，对其评价不能仅仅关注于计算机设备、软件系统等基础设施，更重要的是对两个“三化”的规划、组织和控制、信息资源及技术的开发利用的深度和广度。所以对于油气田两个“三化”成熟度评价指标的选择，基本按照“基础-应用-效益”的标准来分类，评估框架包括水平与能力（基础建设、单项应用、综合集成、协同与创新）、效能与效益（竞争力、经济和社会效益）两个方面。

通过相关文献查阅以及油气田公司开发领域各矿区两个“三化”的建设现状及需求，从操作层面、组织层面“三化”及两个“三化”融合度层面选择成熟度影响因子，建立管理成熟度、实施成熟度、融合成熟度为一体的两个“三化”综合成熟度评价模型。基于现有两个“三化”的发展状况及资料分析现状，初始研究要素包括3项一级指标，19项二级指标。

13.3.2 评价指标的选取

评价指标的选取需要考虑选取指标的合理性，评估选取指标合理性采用德尔菲法。主要通过以下四个步骤：

①拟定调查问卷，向专家们提供研究课题的背景材料，内容包含预测目标、征询表填写方式、要求和期望等。

②选择一份参加预测的专家名单，组成专家调查组，专家小组的结构应具有能全面考虑预测事件的能力，通过不同的维度来进行预测，以保障预测结果的相对全面性。

③向专家小组成员发放一份调查问卷，让专家们各自独立地进行判断。然后将返回的意见综合处理，经过系统分析甄别后再次发送各位专家，请专家小组在了解集体意见的分布情况及相关补充说明后，再作第二次修订性的判断，如此反复征询，直到专家们的意见已经相当一致。

④采用统计分析方法对专家的预测进行定量评价和表述，最后得出结论。

结合本次研究课题，我们对德尔菲法各步骤做较为详细阐述：

设计调查问卷，包含3项一级指标，19项二级指标。第一部分为基本信息，第二部分采用五点量表法，从“1”到“5”分别表示“不适合”到“极其适合”，第三部分为评估要素的意见和建议，具体问卷内容见附件A。

建立专家小组，由来自油气田两个“三化”专业人员组成。

根据调查问卷，要求每位专家判断出各要素对提高油气企业两个“三化”管理的适合程度，回收并选择其中20份完整填写的问卷，将专家评价结进行统计汇总。根据汇总表中的分值计算初始二级要素的均值得分，如表 13-3-1 所示。

表 13-3-1　均值得分表

初始一级指标	初始二级指标	均值
两个“三化”的基础保障	资金投入	3.45
	组织机构	3.42
	信息平台	3.59
	制度流程	3.45
	人员队伍	3.3
两个“三化”集成应用	业务体系建设	3.47
	生产体系建设	3.66
	操作体系建设	3.66
	监督、考核标准制定	3.42
	标准贯彻执行	3.56
	矿区对两个“三化”的适应性	3.55
	横纵向领域覆盖率	3.52
	两个“三化”综合集成	3.55
两个“三化”带来的能力和效益的提升	创新能力指数	3.48
	生产方式变革	3.64
	经济效益	3.47
	社会效益	3.41
	业务效率	3.61
	竞争力指数	3.47

根据上表的两个“三化”成熟度评估的研究要素，以两个“三化”的基础保障、两个“三化”集成应用、两个“三化”带来的能力和效益的提升为一级指标，再细分二级指标，可建立两

个“三化”成熟度评估体系，如表 13—3—2 所示。

表 13—3—2　两个“三化”成熟度评估体系

评价目标	一级指标	二级指标
两个“三化”管理成熟度评价模型	两个“三化”的基础保障 U_1	资金投入 U_{11}
		组织机构 U_{12}
		信息平台 U_{13}
		制度流程 U_{14}
		人员队伍 U_{15}
	两个“三化”集成应用 U_2	业务体系建设 U_{21}
		生产体系建设 U_{22}
		操作体系建设 U_{23}
		监督、考核标准制定 U_{24}
		标准贯彻执行 U_{25}
		矿区对两个“三化”的适应性 U_{26}
		横纵向领域覆盖率 U_{27}
		两个“三化”综合集成 U_{28}
	两个“三化”带来的能力和效益的提升 U_3	创新能力指数 U_{31}
		生产方式变革 U_{32}
		经济效益 U_{33}
		社会效益 U_{34}
		业务效率 U_{35}
		竞争力指数 U_{36}

一级指标级：

$U=\{U_1，U_2，U_3\}$ ＝｛两个“三化”的基础保障，两个“三化”集成应用，两个“三化”带来的能力和效益的提升｝

二级指标级：

$U_1=\{U_{11},U_{12},U_{13},U_{14},U_{15}\}$＝{资金投入，组织机构，信息平台，制度流程，人员队伍}

$U_2=\{U_{21},U_{22},U_{23},U_{24},U_{25},U_{26},U_{27},U_{28}\}$＝{业务体系建设，生产体系建设，操作体系建设，监督、考核标准制定，标准贯彻执行，矿区对两个“三化”的适应性，横纵向领域覆盖率，两个“三化”综合集成}

$U_3=\{U_{31},U_{32},U_{33},U_{34},U_{35},U_{36}\}$＝{创新能力指数，生产方式变革，经济效益，社会效益，业务效率，竞争力指数}

13.3.3 评价方法

近年来，评价方法发展十分迅速，通过查阅文献及不完全统计，各种各样的评价方法已经达到了数百种，常用的方法也有几十种之多。在这些评价方法中，既有一些定量的方法，也有一些定性的方法。其中，定性的方法有专家评分法、会议评判法等。定量的方法则有神经网络（Neural Networks，NNs）、数量化理论（Quantification Theory）、数据包络分析法（Data Envelopment Analysis，DEA）、模糊综合评判法（Fuzzy Comprehensive Evaluation，FCE）、灰色关联综合评价法（Gray Relative Comprehensive Evaluation）、层次分析法（Analytical Hierarchy Process，AHP）等。本文选用层次分析法来计算和设置指标权重。

层次分析法（AHP）是美国运筹学家匹茨堡大学教授萨蒂（T. L. Saaty）于20世纪70年代初提出的一种层次权重决策分析方法，涉及网络系统理论和多目标综合评价方法。AHP法首先把问题层次化，基于问题性质和总目标进行分解，形成不同层次，构成出多层次的分析结构模型，模型分为方案层、指标层、目标层，方案层是具备多个选择方案，指标层可以是一层也可以是多层，目标层即为决策目标。层次分析法的特点：

以系统化、模型化和数学化的方式来呈现分析思路，清晰可见；

在对问题所包含因素及其关系具体而明确的前提下，即可实现少量的数据来完成定量的分析；

可对多目标、多层次的复杂问题进行决策分析，在经济发展方案比较、科技成果评比、旅游方案选择、购物方案选择、企业人员素质测评等方面广泛应用。

层次分析法的具体步骤：

明确问题相关要素的关联关系在运用层次分析法时，首先要做的是弄清问题，了解要研究的问题包含了哪些因素，并弄明白各因素之间有哪些关联关系，以及它们之间有哪些隶属关系。

递阶层次结构的建立对问题及关联要素隶属关系明确后，需要提取要素的特性，并对特性进行归纳分析分组，把其中的共同特性看成是新层次的因素，将这些因素再次组合，构建高层次关系，最终形成单一的最高层次因素，即找到要决策的目标层。

建立两两比较的判断矩阵是层次分析法的主要步骤，其表示针对父项层次、子层次之间各元素之间的重要性对比结果。比较第 i 个元素与第 j 个元素相对上一层某个因素的重要性时，使用数量化的相对权重 a_{ij} 来描述。设共有 n 个元素参与比较，则 $\mathbf{A}=(a_{ij})_{n\times n}$ 称为成对比较矩阵。成对比较矩阵中 a_{ij} 的取值可参考 S 的提议，按下述标度进行赋值。a_{ij} 在 1～9 及其倒数中间取值，此为一九标度法。

$a_{ij}=l$，元素 i 与元素 j 对上一层次因素同等重要；

$a_{ij}=3$，元素 i 比元素 j 稍微重要；

$a_{ij}=5$，元素 i 比元素 j 明显重要；

$a_{ij}=7$，元素 i 比元素 j 强烈重要；

$a_{ij}=9$，元素 i 比元素 j 极端重要；

$a_{ij}=2n$，$n=1$，2，3，4，元素 i 与 j 的重要性介于 $a_{ij}=2n-1$ 与 $a_{ij}=2n+1$ 之间；

$a_{ij}=1/n$，$n=1$，2，…，9，当且仅当 $a_{ij}=n$。

层次单排序层次单排序是通过计算判断矩阵的最大特征值来评价该层中所有元素相对于上层的重要性，计算该层的相对权重，并通过计算判断矩阵的最大特征值来检验一致性。最常用的计算判断矩阵最大特征值的方法是和积法和方根法。

层次总排序运用层次单排序的计算结果，对更上一层次的优劣顺序进行综合排序，得出各层不同元素的总体排序结果，这是层次分析法的最后步骤。

13.4 评价模型的创建

13.4.1 主观权重的确定

可以按一下三个步骤进行：

1. 构建层次分析模型

构建层次分析模型，可按以下三个步骤进行：

构建层次分析模型。层次结构主要由以下几部分组成：

①最高层，又称目标层。它是评价问题的最佳结果，故该层次中仅有一个元素。

②该模型中间层为准则层，是为实现目标所有中间环节的总称，根据问题的复杂程度，每项准则还可分为若干子准则。

③最底层为可供选择的方案、措施，故也称为措施层或方案层。

2. 构造逆阶模型

对应具体问题，将目标准则、方案构造成递阶模型的形式，以便进行下步计算。

3. 判断矩阵的一致性检验

求取判断矩阵最大特征值的特征向量，经归一化处理后成为相应于上层要素重要程度的排序权值，这一过程称为层次序列。层次序列能否作为下层要素对上层某一要素排序权值，需要检验判断矩阵的一致性，指标 CI 常用作检测。

检测步骤如下：

①计算指标 CI，如下公式所示：

$$CI = \frac{\lambda_{max} - n}{n - 1}$$

②找修正系数。修正系数 RI 由于判断矩阵震荡性，阶数 n 会影响指标 RI，阶数 n 越大，指标 RI 值越大，一致性就越差，此时需要对矩阵进行一定的修正，RI 值可从表 13-4-1 获取。

表 13-4-1　阶数 n 和修正系数 RI 表

n	3	4	5	6	7	8	9	10	11	12
RI	0.52	0.90	1.12	1.26	1.36	1.41	1.46	1.49	1.52	1.54

③计算一致性比例指标 CR，计算方式如以下公式所示：

$$CR = \frac{CI}{RI}$$

一般认为判断矩阵指标 $CR<0.1$，判断矩阵一致性成立，否则必须适当修正矩阵。

13.4.2　客观权重的确定

设定一个指标评价体系，其中评价指标有 n 个，评价对象有 m 个，评价指标体系不同。参评对象对应不同指标的具体指标值可以写成如下矩阵形式：

$$R=\begin{pmatrix} r_{11} & r_{12} & \cdots & r_{1n} \\ r_{21} & r_{22} & \cdots & r_{2n} \\ \cdots & \cdots & \cdots & \cdots \\ r_{m1} & r_{m2} & r_{m3} & r_{mn} \end{pmatrix}$$

确定理想对象 $\boldsymbol{R}_0$（即参考列），记 $\boldsymbol{R}_0=(r_{01}, r_{02}, \cdots, r_{0n})$，通常取第 j 个指标所在所有参评对象中的最优值作为 r_{1j} 的值。

$$r_{0j}=\begin{cases}\max\limits_i r_{ij}, 其中第\ j\ 个指标为收益性指标 \\ \min\limits_i r_{ij}, 其中第\ j\ 个指标为成本性指标\end{cases}$$

数据预处理，灰关联空间要求原始数据需要满足量纲一致。

$$s_{ij}=\begin{cases}\dfrac{r_{ij}}{r_{0j}}, 其中第\ j\ 个指标为收益性指标 \\ \dfrac{r_{ij}}{r_{0j}}, 其中第\ j\ 个指标为成本性指标\end{cases} \quad (i=0,1,2,\cdots,$$

$m; j=1, 2, \cdots, n)$

将同量纲指标数据与参考数据列组合，构造新的矩阵如下：

$$S=\begin{pmatrix} 1 & 1 & \cdots & 1 \\ s_{11} & s_{12} & \cdots & s_{1n} \\ s_{21} & s_{22} & \cdots & s_{2n} \\ \vdots & \vdots & \vdots & \vdots \\ s_{m1} & s_{m2} & \cdots & s_{mn} \end{pmatrix}$$

记 $\boldsymbol{S}_i=(s_{i1}, s_{i2}, \cdots, s_{in}), i=1, 2, \cdots, m$，$\boldsymbol{S}_0$ 作为参考数列，计算 $\boldsymbol{S}_j$ 的第 j 个指标与 $\boldsymbol{S}_0$ 的第 j 个指标的关联度系数 $\beta_i(j)(i=1, 2, \cdots, m; j=1, 2, \cdots, n)$。

$$\beta_i(j)=\frac{\min\limits_i\min\limits_j|s_{0j}-s_{ij}|+\rho\max\limits_i\max\limits_j|s_{0j}-s_{ij}|}{|s_{0j}-s_{ij}|+\rho\max\limits_i\max\limits_j|s_{0j}-s_{ij}|}$$

上式中，$\rho\in[0,1]$，一般取 $\rho=0.5$。

经上述计算，得关联系数矩阵

$$\boldsymbol{\beta}=\begin{pmatrix}\beta_1(1) & \beta_1(2) & \cdots & \beta_1(\mathrm{n}) \\ \beta_2(1) & \beta_2(2) & \cdots & \beta_2(n) \\ \vdots & \vdots & \vdots & \vdots \\ \beta_m(1) & \beta_m(2) & \cdots & \beta_m(n)\end{pmatrix}$$

令 $x_i=\frac{1}{n}\sum_{j=1}^{n}\beta_i(j)$，则 x_i 表示为第 i 个参评对象与参考对象的关联度。x_i 值的大小表示参评对象与理想对象的接近程度，x_i 越大越优，说明了它相对其他参评对象更为优秀。

13.4.3 综合权重确定

综合权重的确定主要采用主观权重和客观权重进行线性组合的形式，即构造一个目标函数，给主客观权重赋值得到一个最优解，可以看作最优化问题。考虑到本项目的指标均属于收益性指标，即得分越高，收益越高，所以构造一个多目标线性规划模型，确定线性系数即主客观权重，使得综合评价目标取到最大值。

记以规范的决策性矩阵为 $\boldsymbol{X}=(x_{ij})_{m\times n}$，由层次分析法得到指标向量为 $\boldsymbol{\omega}'=(\omega_1'+\omega_2'+\cdots+\omega_n')^{\mathrm{T}}$，且满足；由灰色关联评价法得到的向量指标为 $\boldsymbol{\omega}''=(\omega_1''+\omega_2''+\cdots+\omega_n'')^{\mathrm{T}}$，且 $0\leqslant\omega_j\leqslant 1$，$\sum_{j=1}^{n}\omega_j'=1$ 满足 $0\leqslant\omega_j''\leqslant 1$，$\sum_{j=1}^{n}\omega_j''=1$，记 α，β 分别表示 $\boldsymbol{\omega}'$，$\boldsymbol{\omega}''$ 的重要程度。

这里是将综合权重向量表示为主观权重与客观权重的向量性组合，则令

$$\boldsymbol{\omega}=\alpha\boldsymbol{\omega}'+\beta\boldsymbol{\omega}'' \tag{13-1}$$

为了方便分析，这里令

$$\alpha^2+\beta^2=1 \tag{13-2}$$

根据加权法则，可求得各矿区的评价目标值：

$$d_i = \sum_{j=1}^{n} x_{ij} = \sum_{j=1}^{n} x_{ij}(\partial\omega'_j + \beta\omega'_j) \qquad i = 1, 2, \cdots, m$$

(13－3)

显然，d_i 愈大愈好。为此，构造如下多目标规划模型：

$$\begin{cases} \max D = (d_1, d_2, \cdots, d_m) \\ \text{s. t.}\ \alpha^2 + \beta^2 = 1 \\ \alpha, \beta \geqslant 0 \end{cases} \tag{13-4}$$

求得最优解经归一化得：

$$\overrightarrow{\alpha} = \frac{\sum_{i=1}^{m}\sum_{j=1}^{n} b_{ij} w'_j}{\sum_{i=1}^{m}\sum_{j=1}^{n} b_{ij}(w'_j + w''_j)} \tag{13-5}$$

$$\overrightarrow{\beta} = \frac{\sum_{i=1}^{m}\sum_{j=1}^{n} b_{ij} w''_j}{\sum_{i=1}^{m}\sum_{j=1}^{n} b_{ij}(w'_j + w''_j)} \tag{13-6}$$

将公式（13－5）（13－6）带入公式（13－1）可得综合权重：

$$\boldsymbol{\omega} = \frac{\sum_{i=1}^{m}\sum_{j=1}^{n} b_{ij}\omega'_j}{\sum_{i=1}^{m}\sum_{j=1}^{n} b_{ij}(\omega'_j + \omega''_j)}\boldsymbol{\omega}' + \frac{\sum_{i=1}^{m}\sum_{j=1}^{n} b_{ij}\omega''_j}{\sum_{i=1}^{m}\sum_{j=1}^{n} b_{ij}(\omega'_j + \omega''_j)}\boldsymbol{\omega}''$$

(13－7)

在确定了各指标的具体权重之后，采用常用的逐项加权求和。层次－灰色关联评价模型的表达式为：

$$\boldsymbol{Y}_i = \boldsymbol{\omega} + \boldsymbol{p}'^{\mathrm{T}}_i \tag{13-8}$$

其中：$\boldsymbol{Y}_i$ 表示第 i 个被评价矿区的综合评判结果矩阵，$\boldsymbol{\omega} = (\omega_1, \omega_2, \cdots, \omega_{19})$ 为 19 个指标的权重向量，$\boldsymbol{p}'_i = (p_1, p_2, \cdots, p_{19})$ 表示第 i 个矿区的 19 个指标的得分向量。

14 “两化”成熟度等级模型创建

14.1 油气田两个“三化”成熟度模型

建立的两个“三化”管理成熟度评价指标体系见图 14—1—1，关键是针对每一项影响成熟度的因素确定权重。确定权重利用层次分析法，层次分析法独有的一致性检验能够避免专家在确定权重过程中思维的一致性无法保证的问题，从而使得分配的结果更为客观合理。本文利用层次分析法对系统进行决策或排序的方案设计，分为以下几个步骤：

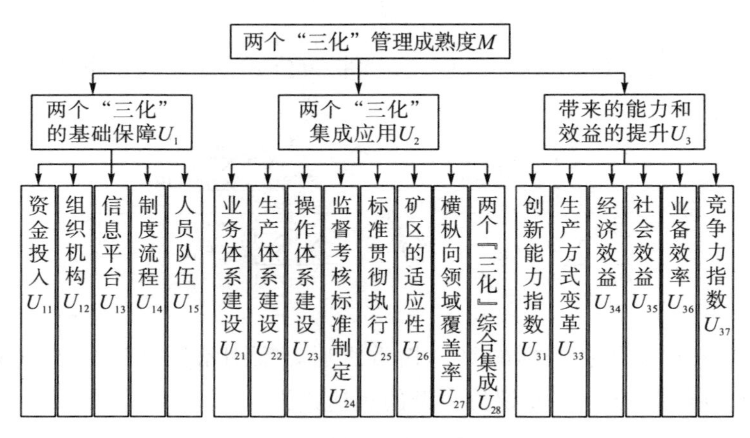

图 14—1—1　两个“三化”管理成熟度评价指标体系

建立问题的层次结构模型。此模型依据指标体系建立目标层和两级指标层。

构造两两比较判断矩阵。根据层次结构模型图，采用一九标度法设计模型中的一级指标层和二级指标层各指标重要性的两两比较调查问卷。

计算被比较元素的相对权重。运用层次分析法计算单层元素的相对权重，以此来衡量单层元素对上层元素的影响大小。

数据处理：

根据设计好的调查问卷，选择两个“三化”方面的专家，在规定时间完成调研数据收集整理。根据调查问卷收集的数据，建立每一指标层级的判断矩阵，为综合专家判断，采用众数法求得一级指标层判断矩阵和二级指标层判断矩阵，次判断矩阵用于计算各层指标的权重，判断矩阵如表 14－1－1～14－1－4 所示。

表 14－1－1　判断矩阵 A

一级指标层	U_1	U_2	U_3
U_1	1	1	3
U_2	1	1	1
U_3	1/3	1	1

表 14－1－2　判断矩阵 B_1

二级指标层	U_{11}	U_{12}	U_{13}	U_{14}	U_{15}
U_{11}	1	1	1	1	1
U_{12}	1	1	1	1	5
U_{13}	1	1	1	1	5
U_{14}	1	1	1	1	5
U_{15}	1	1/5	1/5	1/5	1

表 14－1－3　判断矩阵 B_2

二级指标层	U_{21}	U_{22}	U_{23}	U_{24}	U_{25}	U_{26}	U_{27}	U_{28}
U_{21}	1	1	5	1	1	1	1	1
U_{22}	1	1	1	1	1/3	1	1	1
U_{23}	1/5	1	1	1	1	1	5	1
U_{24}	1	1	3	1	1	1	1	1
U_{25}	1	3	1	1	1	1	1	5
U_{26}	1/3	1	1	1	1	1	1	1
U_{27}	1	1	1/5	1	1	1	1	1
U_{28}	1	1	1	1	1/5	1	1	1

表 14－1－4　判断矩阵 B_3

二级指标	U_{31}	U_{32}	U_{3}	U_{34}	U_{35}	U_{36}
U_{31}	1	1	1	1/3	1	3
U_{32}	1	1	1	1	3	1
U_{33}	1	1	1	1	5	1
U_{34}	3	1	1	1	1	1
U_{35}	1	1/3	1/5	1	1	1
U_{36}	1/3	1	1	1	1	1

通过 13.4 中方法计算得到每个二级指标的判断矩阵的最大特征根、一致性指标及一致性比例如表 14－1－5 所示。

表 14－1－5　一致性检验结果

判断矩阵	最大特征根 λ_{max}	一致性指标 CI	一致性比例 CR
$\boldsymbol{A}$	5.2991	0.06676	0.077744
$\boldsymbol{B}_1$	6.46007	0.07303	0.0920145
$\boldsymbol{B}_2$	4.264	0.09888	0.880005
$\boldsymbol{B}_3$	4.1545	0.05787	0.0545003

各判断矩阵的一致性比例均小于0.1，全部通过一致性检验，故也确认各指标的权重通过检验。

通过评标权重的计算结果，构建出两个“三化”管理成熟度的完整模型，如表14—1—6所示。

表14—1—6　两个“三化”管理成熟度的完整模型权重

目标层	一级指标层	权重	二级指标层	权重
资金投入 组织机构 信息平台 制度流程 人员队伍	两个“三化”的基础保障	0.246593	资金投入	0.1610
			组织机构	0.1610
			信息平台	0.1980
			制度流程	0.1980
			人员队伍	0.0840
	两个“三化”集成应用	0.189451	业务体系建设	0.3406
			生产体系建设	0.1281
			操作体系建设	0.2906
			监督、考核标准制定	0.2406
			标准贯彻执行	0.3250
			矿区对两个“三化”的适应性	0.1917
			横纵向领域覆盖率	0.2417
			两个“三化”综合集成	0.217
	两个“三化”能力与效益提升	0.246593	创新能力指数	0.4055
			生产方式变革	0.4796
			经济效益	0.1150
			社会会效益	0.2605
			业务效率	0.6333
			竞争力指数	0.1062

14.2 成熟度等级划分

通过对油气田公司两个“三化”管理的调研，根据成熟度评价标准，设置并收集调查问卷共 64 份，调查问卷采用五点量表法，等级分值划分标准如表 14－2－1 所示。

表 14－2－1 成熟度等级分值

等级	初始级	可重复级	已确定级	已管理级	优化级
R 值	(0，1]	(1，2]	(2，3]	(3，4]	(4，5]

调查问卷的内容根据以构建的标准化管理成熟度评价模型设置。

14.3 评价过程

设置任意一级指标 U_i，则一级指标级：

$U_i=\{U_1, U_2, U_3\}$＝｛两个“三化”的基础保障，两个“三化”集成应用，“两个三化”能力与效益提升｝

设置任意二级指标为 U_{ik}，根据问卷调查结果，通过统计分析得到二级指标集的平均得分为：

$U_1=\{U_{11}, U_{12}, U_{13}, U_{14}, U_{15}\}=\{3.45, 3.42, 3.59, 3.45, 3.3\}=3.44$

$U_2=\{U_{21}, U_{22}, U_{23}, U_{24}, U_{25}, U_{26}, U_{27}, U_{28}\}=\{3.47, 3.66, 3.66, 3.42, 3.56, 3.56, 3.55, 3.52\}=3.55$

$U_3=\{U_{31}, U_{32}, U_{33}, U_{34}, U_{35}, U_{36}\}=\{3.48, 3.64, 3.47, 3.41, 3.61, 3.47\}=3.51$

第三章构建的成熟度评估模型给出了二级指标的权重集合，设任意二级权重为 λ_{ik}，任意加权得分为 a_{ik}，则：

$$a_{ik} = U_{ik} \times \lambda_{ik} \tag{14-1}$$

一级指标的得分为下属二级指标加权得分之和，即：

$$A_j = \sum_{k=1}^{n} a_{ik} \tag{14-2}$$

设一级指标的权重为λ_i，有第三章的成熟度评级模型可知一级权重集，设目标层得分为R，目标层得分为一级指标的加权得分，即：

$$R = \sum_{i=1}^{3} A_i \times \lambda_i \tag{14-3}$$

综上所述，可得出各评价指标的平均得分及加权得分如下表所示：

表 14-3-1　成熟度等级分值

目标层	加权得分	一级指标	权重	得分	二级指标	权重	平均得分	加权得分
油气田两个“三化”管理成熟度模型	3.7616	两个“三化”的基础保障	0.246593 *2.777	0.6848	资金投入	0.161	3.45	0.55545
					组织机构	0.161	3.42	0.55062
					信息平台	0.198	3.59	0.71082
					制度流程	0.198	3.45	0.6831
					人员队伍	0.084	3.3	0.2772
		两个“三化”集成应用	0.189451 *6.99834	1.3258	业务体系建设	0.3406	3.47	1.1819
					生产体系建设	0.1281	3.66	0.4688
					操作体系建设	0.2906	3.66	1.0636
					监督、考核标准制定	0.2406	3.42	0.8228
					标准贯彻执行	0.3250	3.56	1.157
					矿区对两个“三化”的适应性	0.1917	3.56	0.6824
					横纵向领域覆盖率	0.2417	3.55	0.8580
					两个“三化”综合集成	0.217	3.52	0.7638

续表 14-3-1

目标层	加权得分	一级指标	权重	得分	二级指标	权重	平均得分	加权得分
油气田两个“三化”管理成熟度模型	3.7616	两个“三化”能力与效益提升	0.246593 * 7.098966	1.7505	创新能力指数	0.4055	3.48	1.41114
					生产方式变革	0.4796	3.64	1.745744
					经济效益	0.1150	3.47	0.39905
					社会会效益	0.2605	3.41	0.888305
					业务效率	0.6333	3.61	2.286213
					竞争力指数	0.1062	3.47	0.368514

14.4 结果分析

3 个一级指标分值分别为：$\mathbf{A}=\{0.6848, 1.3258, 1.7505\}$。

由模型评价等级划分可知，油气田两个“三化”成熟度管理总体水平比较成熟，但在两个“三化”基础保障方面得分不高，说明在前瞻性、统筹性、执行力上管理是基本到位的，但是还需要加强两个“三化”基础保障水平的提升。

从二级指标的分值来看，首先，油气田两个“三化”在基础保障方面，重视资金投入、信息平台及制度流程建设。但是在组织机构建设上有所欠缺，尤其是在人员队伍建设上存在明显不足，从长远看会影响两个“三化”工作持久有效的展开。

其次，油气田两个“三化”在集成应用方面，各方面的表现都还不错，尤其是业务体系及标准执行方面，说明该企业在两个“三化”建设过程中重视标准体系建设，标准意识水平达到一定的层级。同时，在横纵向领域良好的覆盖率和适应性为两个“三化”的进一步发展奠定了基础。

最后，油气田两个“三化”在能力与效益提升方面，在创新能力、生产方式与生产效率的变化上体现得更加明显，这也印证了两个“三化”战略的前瞻性以及对于时代的顺应，是对整个行业信息化大趋势的一种诠释。

15 应用场景设计

开发生产管理平台业务应用场景，就是指开发生产管理平台上搭建的所有业务应用功能在上线运行和被使用的时候，油气田开发生产管理业务相关的不同层级、不同业务部门的终端用户“最可能的”所处场景。这些场景包括使用平台的不同类型的用户、业务应用的不同时间和频度、采取的应用触发方式或者设备支持等手段、业务应用达到的预期效果或用户体验感受等。

业务应用场景设计，就是在业务流程设计和专业应用功能设计基础上，通过业务流程和专业应用功能优化组合配置，结合相关用户应用分级分类授权定制，通过信息系统平台模拟和真实再现开发生产管理各类相关业务应用活动，最大化地挖掘开发生产管理平台应用潜力，实现业务应用驱动、信息技术手段和互联网媒介的深度融合，达到建设集成创新的开发生产管理应用平台的目标，提升油气田开发生产业务管理的效率和效益。

业务应用场景设计以信息化集成平台为基础，以流程化业务过程管理和专业化业务应用为主线，以决策管理、生产管理、生产操作不同层级的用户管理为手段，进行整体设计和优化配置部署。具体包括如下内容：

15.1 开发管理部门应用场景设计

开发管理部门业务应用场景涉及的业务流程包括：规划业务流程管理、开发方案业务流程、开发井产能建设、地面产能建设、配产与产量管理业务、气田监测管理等流程。

开发管理部门在开发生产管理平台上涉及的科室有：前期科、开发井管理科、油气藏工程管理科、综合管理科等。

以某开发井产能建设业务为例，开发管理部门开发井管理科在开发生产管理平台上的应用场景如图 15－1－1。

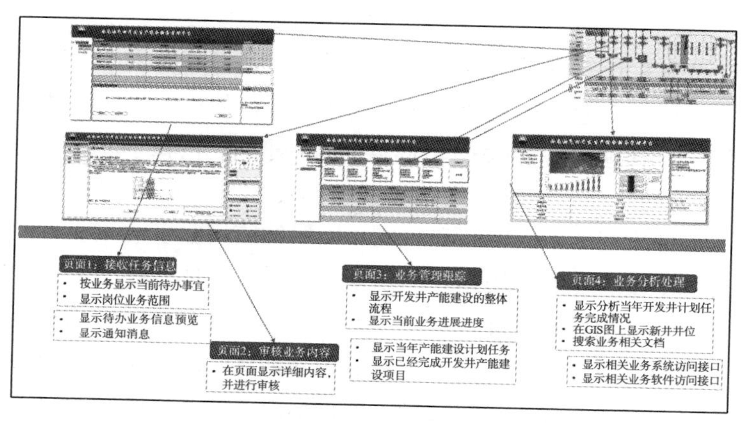

图 15－1－1　开发管理部门开发井管理科在开发生产管理平台上的应用场景

业务人员接收系统推送的待办事务，主要业务类别包括：钻井地质方案审批、钻井工程方案审批、完井设计审批、试油试气设计审批等。

业务人员对各类业务方案及业务文档进行详细审阅，并审核批注，审核通过自动转入下一节点，审核未通过，返回上一节点并通知相关业务人员。

通过系统对所负责的所有开发井产能建设项目进行跟踪监控，追踪当前业务所在的环节，对未进入当前岗位业务环节的业务进度进行查看督办，对已审批通过的业务进行跟踪。

通过系统分析页面，实现某井产能建设相关文档的自动关联搜索，并提供专业系统及专业软件接口，可直接访问相关业务系统，分析当年开发井产能建设完成情况，实现对年度产能建设任务的整体把控。

根据以上应用场景设计思路，整理出开发管理部门各科室在开发生产管理平台上涉及的主要业务活动及应用。

1. 前期科主要业务活动

前期科在开发生产管理平台上实现的主要业务活动包括：下达开发规划编制任务；接收开发规划编制成果并初审上报规划管理部门；下达开发生产计划编制任务；接收开发生产计划编制成果并初审上报规划管理部门；下达产能建设工作的前期工作计划；审批井位论证成果；下达开发方案编制任务；接收开发方案编制成果并上报；监控开发规划编制的实施过程与实施进度；监督生产计划的编制过程与编制进度。

涉及的开发生产管理平台主要应用和功能包括：规划及方案管理；开发井产能建设管理；地面产能建设管理。

2. 开发井管理科主要业务活动

开发井管理科在开发生产管理平台上实现的主要业务活动包括：下达开发井钻井地质设计任务；审批开发井钻井地质设计成果；审批开发井钻井地质设计、工程设计、试气施工设计、完井设计；对开发井产能建设钻井、录井、测井、完井、试气等过程进行监督监控；组织开发井完井验收；组织钻井成果归档、开发井交接。

涉及的开发生产管理平台的专业应用和功能包括：开发井产能建设管理；产能建设竣工验收管理。

3. 油气藏科主要业务活动

油气藏科在开发生产管理平台上的实现的主要业务活动包括：下达年度气井井口产能核定任务；组织油气藏及区块的年度配产、月度配产；审核年度配产成果；审核气藏动态监测计划；审核气藏开发调整方案；储量报批与审查；气田废弃处置管理；编制气田废弃处置总结，对废弃处置方案成果归档。

涉及开发生产管理平台上的专业应用和功能包括：配产与产量管理；气田动态监测管理；气井废弃及气田废弃管理。

4. 综合科主要业务活动

综合科在开发生产管理平台上的主要业务活动包括：提出油气藏月度、年度生产计划；组织公司年度配产；组织油气矿年度配产；下发月度及年度配产任务；审核各气矿年度及月度配产计划；组织编写生产周报月报年报；审核各气矿周报月报年报并归档；组织油气矿动态分析计划编制；审核油气矿动态分析计划。

涉及开发生产管理平台上的专业应用和功能包括：配产与产量管理；动态分析；日常生产报表管理。

15.2 油气矿应用场景设计

油气矿在开发生产业务中涉及的流程包括：开发井产能建设、地面产能建设、配产与产量管理、规划方案管理等。

油气矿在开发生产管理平台涉及的单位或部门包括：开发科、地质所、工艺所、生产科、各作业区、工程监督部等。

以油气矿某区块配产与产量管理业务为例，油气矿地质所在开发生产管理平台上的主要应用场景如图 15－2－1 所示。

地质所业务人员通过开发生产管理平台接收系统推送的气矿某一区块的老井产能核定任务及新井产能核定任务；

业务人员在开发生产管理平台上初步分析该区块的产量构成、计划产量信息、历史产量信息等，同时可通过系统接口直接访问相关业务系统，通过软件接口直接调用相关动态分析软件进行专业研究；

在完成产能核定任务后，通过系统推送成果数据到数据库并完成相应的报告上报主管部门进行审核。

根据以上应用场景设计思路，整理出油气矿各科室及下属作业区在开发生产管理平台上涉及的主要业务活动及应用。

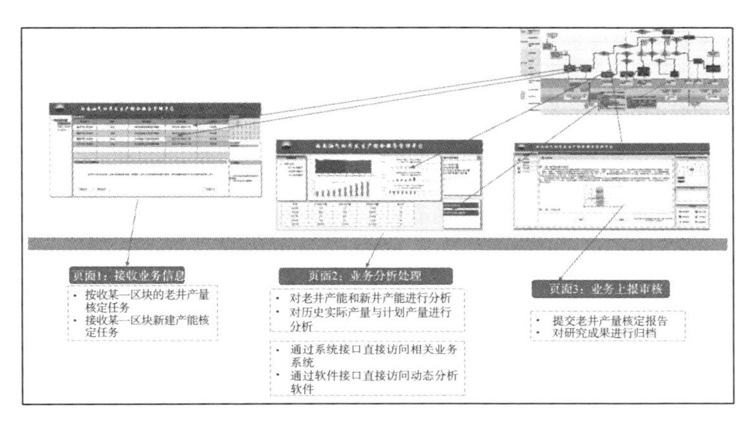

图 15－2－1　油气矿地质所在开发生产管理平台上的主要应用场景

1. 油气矿开发科应用主要业务活动

油气矿开发科在开发生产管理平台上实现的主要业务活动包括：组织开发中长期规划、生产计划和开发方案的编制；组织气井月度配产及审核；下达井下作业计划；组织作业井地质方案审核；井下措施作业流程一作业工艺方案审核、工艺方案审核；组织作业井开工验收、作业井现场施工管理；编制作业井作业施工总结，组织作业井施工完工交接；编制气藏动态监测计划并下达；审核气田动态监测施工方案，动态监测施工过程管理；编制气田动态监测总结，动态监测成果归档。

涉及开发生产管理平台的专业应用和功能包括：规划及方案管理；井下作业管理；动态监测管理；配产与产量管理。

2. 油气矿地质所主要业务活动

油气矿地质所在开发生产业务中涉及的业务流程包括：配产与产量管理、气田动态监测、动态分析管理等流程。

油气矿地质所在开发生产管理平台上涉及的主要业务活动包括：对已开发气田老井生产能力核定、当年新井新建生产能力核定并上报审批；编制作业井地质方案设计；对作业井措施效果进行评价；编制气藏动态监测方案，对动态监测资料解释处理；对气井日常生产异常进行分析、对油气田阶段动态分析。

涉及开发生产管理平台上的专业应用和功能包括：动态分析；动态监测管理；配产与产量管理。

3. 油气矿工艺所主要业务活动

油气矿工艺所在开发生产业务中涉及的业务流程包括：井下措施作业管理和气田动态监测管理两个流程。

油气矿工艺所在开发生产管理平台上涉及的业务活动有：作业井井下作业工程方案设计；作业井作业工艺方案设计；井下技术状况监测计划编制。

涉及的开发生产管理平台上的专业应用主要包括：井下作业管理；动态监测管理。

4. 油气矿地面建设项目部主要业务活动

油气矿地面建设项目部在开发生产业务中涉及的业务流程主要是：地面产能建设。

地面产能建设项目在开发生产管理平台上涉及的业务活动有：编制地面产能建设预可研报告；申请项目管理机构，组建项目管理组织；地面工程方案初步设计编制，组织上报审核；组织施工图设计审查、施工计划审查、变更设计审查；组织地面建设项目竣工验收、投产试运行。

涉及的开发生产管理平台上的专业应用主要包括：地面产能建设管理。

5. 作业区主要业务活动

作业区在开发生产业务中涉及的业务流程包括：配产与产量管理流程、动态分析管理流程、井下措施作业流程、气田动态监测流程。

作业区在开发生产业务中涉及的业务活动包括：作业区气井

年度配产执行；作业区气井月度配产执行；日常生产异常分析及处理；油气井日常动态分析；作业井井下作业现场作业施工监控；气田动态监测作业施工监控。

涉及的开发生产管理平台上专业应用包括：配产与产量管理；动态分析；动态监测管理；井下作业管理。

6. 油气矿工程监督部主要业务活动

油气矿工程监督部在开发生产业务中主要涉及的流程包括：开发井产能建设流程、地面产能建设流程、井下措施作业流程。

油气矿工程技术监督部在开发生产管理平台上涉及的主要业务活动包括：开发井产能建设钻井工程设计审查；开发井井下作业施工工程设计审查；钻井施工过程工程监督；井下作业施工过程工程监督；产能建设项目竣工验收成果资料归档。

涉及的开发生产管理平台上的专业应用和功能包括：开发井产能建设管理；井下作业管理。

15.3 规划管理部门应用场景设计

规划管理部门涉及的开发生产业务流程主要包括：规划管理流程。规划管理部门在开发生产管理平台上涉及的科室部门包括：规划科、项目前期科。

以某区块地面产能建设业务为例，设计规划管理部门项目前期科在开发生产管理平台上的应用场景如下（图 15-3-1）：规划管理部门项目前期科下达某区块地面产能建设项目前期工作计划到油气矿及其他相关单位，下达（预）可研编制任务；项目前期科在开发生产管理平台上跟踪该项目（预）可研报告的编制进度及初审进度；接收油气矿初审后的（预）可研报告并进行初步评估；业务人员对（预）可研报告投资预算进行复核，并对可研报告进行批复。

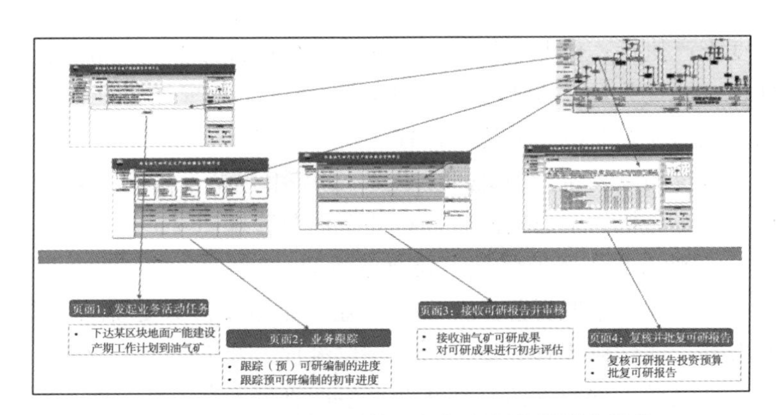

图 15-3-1　设计规划管理部门项目前期科在开发生产管理平台上的应用场景

根据以上应用场景设计思路，整理出规划管理部门各科室在开发生产管理平台上涉及的主要业务活动及应用。

1. 规划科主要业务活动

规划管理部门规划科在开发生产管理平台上的主要业务活动包括：开发规划任务下达；开发规划任务审核；开发生产计划任务下达；开发生产任务审核；开发规划成果归档。各油气矿年度生产计划编制任务下达；油气矿年度生产计划审核。

涉及开发生产管理平台专业应用有：开发生产规划及方案管理；配产与产量管理。

2. 项目前期科主要业务活动

规划管理部门项目前期科在开发生产管理平台上的主要业务活动包括：产能建设项目前期工作计划审查；产能建设项目前期工作计划下达；产能建设项目预可研、可研等任务的下达；产能建设项目预可研、可研的初步审查与评估；产能建设项目投资预算复核；产能建设项目批复；产能建设项目后评价。

涉及开发生产管理平台专业应用和功能包括：开发井产能建设管理；地面产能建设管理；产能建设项目竣工验收管理。

15.4 勘探研究院应用场景设计

勘探研究院涉及的开发生产业务流程包括：开发井产能建设流程、规划管理流程、开发方案管理流程、气井废弃及气田废弃管理流程。

勘探研究院在开发生产基础平台上主要涉及的科室有：规划所、勘探研究室、油气生产研究所、开发研究所。

1. 规划所主要业务活动

勘探研究院规划所在开发生产基础平台上的主要业务活动包括：组织编制公司勘探开发中长期规划；初审公司勘探开发中长期规划并上报批复；组织编制勘探开发年度计划；审核勘探开发年度计划并上报批复；组织编制开发评价方案，开发（调整）方案；审核开发评价方案，开发（调整）方案并上报批复。

涉及开发生产管理平台上的专业应用和功能包括：规划及方案管理。

2. 勘探研究室主要业务活动

勘探研究室在开发生产管理平台上的主要业务活动包括：编制开发方案中油藏工程开发方案；编制重点井的井位论证。

涉及开发生产管理平台上的专业应用和功能包括：规划及方案管理；开发井产能建设管理。

3. 油气生产研究所主要业务活动

油气生产研究所在开发生产管理平台上的主要业务活动包括：提出开发井总体部署建议并上报审批；开发井产能建设钻井过程跟踪；开展重点气井的产能核定；对集输系统进行动态分析、评价。

涉及开发生产管理平台上的专业应用和功能包括：开发井产能建设管理；配产与产量管理；气藏工程动态分析。

4. 开发研究所主要业务活动

开发研究所在开发生产管理平台上的主要业务活动包括：编制气藏开发方案并上报审批；评价研究气藏储量及分布，提交储量研究成果。

涉及开发生产管理平台专业应用有：规划及方案管理；开发储量管理。

第1部分

操作层面实现数字化转型

通过建立两个“三化”管理成熟度评价模型，以及在油气田的实例应用，可以看出在前期的发展中，两个“三化”初见成效，总体水平已经进入管理级，两个“三化”较为成熟。但想要进一步提高两个“三化”的管理水平，以助于公司整体水平的进一步提升，需要从总体上系统地多维度、多层面采取更加有效的手段促进两个“三化”管理水平的提升。

16 构建行业规范

16.1 行业规范标准化

按集团公司对信息化标准的统一要求，由集团公司制定统一的标准，各油气田公司按统一标准执行；集团公司发布的标准未覆盖到的领域，各油气田可结合自身情况制定企业标准。

16.2 数据模型标准化

建立涵盖总部、专业统建系统、公司三级层面，实现数据共享管理的勘探开发数据库。

总部数据模型：采用标准的数据模型，具备管理基本实体以及相关专业的核心数据的能力，相当于模型的主树干。

专业统建系统的数据模型：各个统建系统，以标准数据模型为基础，可以结合各个系统的实际需求进行扩充，但是不能影响模型的核心部分，形成 EPDM 数据模型主树干+枝干的体系。

公司自建系统的数据模型：以统建系统的数据模型为基础，结合油田实际业务需求，进行个性化扩展，建立油田自己的数据模型，形成 EPDM 数据模型主树干+枝干+枝叶的体系。

数据模型的标准化，不仅仅是指模型结构本身，还需要编码数据、专业的业务术语以及数据交换方面的标准化。

16.3 编码标准化

勘探开发数据编码随着上游业务信息化管理的需要而产生，在统建系统和油田自建系统的建设和应用中，需要得到不断的完善。在数据模型中，定义了大量的编码表和编码数据，并作为数据模型标准的一部分下发给油田，作为信息化建设的指导，在信息化的建设中发挥了巨大的作用。

随着各个统建系统的上线运行，模型标准和编码标准实现了部分的统一。但是通过几年的统建系统的应用情况来看，由于数据模型管理机制的不统一，不仅单个统建系统的编码数据出现了不一致的现象，在部分统建系统之间的编码数据也出现了较多的差异。这就造成了统建系统间数据交换困难，单个统建系统内因为各地的编码数据差异，不容易升级，而且大量的自建系统的编码差异也不利于数据与系统的顺利集成。因此数据模型编码管理工作的地位非常重要。

编码数据是勘探开发数据管理领域的重要内容，对构造、地质、井等实体和其他专业的关键属性数据的描述，必须有统一的编码，不仅在勘探开发数据管理领域需要统一，在工程施工领域也需要统一，只有在编码上实现了统一，才能有助于实现数据和系统的集成。为了进一步规范编码管理，提高数据编码质量，有效利用编码平台的资源，提出以下几点建议：

加强模型标准化组的人员投入和提升管理权限；保证能监控各个统建系统的标准化工作，促进编码数据的统一；检查各个统建系统已发布的编码，确保与数据模型编码标准相同。通过全面检查各个统建系统的编码发布情况，以及实际落实情况，确保已有的编码不走样，对新增的需求也要进行严格审核，确保新的编码质量；完善系统，解决统一与自建的矛盾问题。采取××石油统一管理和各油田公司自编码相结合的方式，解决部分特殊编码在满足油田自身需要时的矛盾问题。例如关井原因代码，在各个油田存在不同的特殊情况，阻碍实现编码的统一，需要对此类编码做出规范，编码在哪一级别必须实现统一，公司可在哪一级进行扩充；对新上线的统建系统，确保上线前，所有的编码数据符合 EPDM 编码标准的要求。编码发布的时间性方面，对于发布修改的和新增的编码之前，做好相关系统的升级测试工作，编码不能影响现有的系统，在发布前需经过反复验证。

16.4 业务术语标准化

模型标准化工作在信息化建设过程中起着重要的作用，而名词、术语的标准化是整个标准化工作中必不可少的重要组成部分。有了统一、简明、准确的名词、术语，才能更好地制订包括模型和编码在内的标准化，才能更好地促进信息化的发展和对业务的支撑作用。反之，如果对名词、术语的理解不统一，那标准化将会难以推进，会浪费在无休止的争论和解释的过程中。

术语的标准化，建议参考国外标准，按照国际通行做法划分的专业领域，来分步进行标准化工作。

16.5 数据模型和数据交换标准

公司在生产业务上会面临不同的服务公司，相互之间的数据交换是一个关键难点。国际上很多石油公司都在采用 WITSML、PRODML 和 RESQML 的标准，来解决油公司和服务公司之间，以及不同系统之间的数据交换问题。

油公司一般都依靠众多的服务公司来提供数据，这些数据在传输过程中，需要一个通用和标准的数据分类。通过一个统一的基于全球基础的信息访问方法，能极大地简化运行流程，能够更广泛地使用新兴的分析、监测和协作技术。

WITSML 是一个供应商、服务商和石油公司正在使用的一个石油工业领域的标准数据接口技术，在实施系统过程中，通过 WITSML 接口技术，可以给公司的数据管理带来很大益处。

PRODML 和 RESQML 是正在发展的成熟的技术。很多石油公司所管理的数据有很多都集成到了这些标准之中，但在实施过程中，需要重视数据需求，而且尽量仔细地对该标准进行评估，然后再确定实施路线。目前很多标准化成员还在一起共同推进该标准的工作。

17　夯实两个“三化”基础保障

按照“油公司”对信息化的定位和要求，信息化组织机构要以问题导向和市场化作为发展方向，强化市场竞争机制和倒逼机制，打造专业化信息化队伍，优化人员结构，增强服务能力，紧密围绕油气田主营业务进行信息化技术改造，有效提升保障主营业务能力创效能力和资产收益。两个“三化”工作是开发生产管理领域的一项系统性工程，无论是公司两个“三化”的“两个方案”的编制，还是两个“三化”工作实施、推进，需具备一定的实施条件，才能保障公司两个“三化”建设工作。

17.1　组织机构优化

17.1.1　强化管理机构的主导作用

信息管理部是公司信息化工作的管理机构，其主要职责有：一是牵头组织好“两化融合”体系建设及贯标实施。以“两化融合”进一步明确和强化业务职能分工，打造符合企业发展战略的新型能力，探索“油公司”模式下的劳动组织模式优化和机构职能调整，推动企业转型升级。二是按照“六统一”原则，进一步强化信息化工作的整体规划和顶层设计，做好信息资源的管理和调配。主要包括制定信息化规划、制定修订信息化标准规范、负责信息化项目建设运维、管理数据资源、信息安全管理等工作。

开发部是“三化”工作的业务主管机构。公司深入推进“三化”工作过程中，加强信息管理部、开发部对工作的主导作用。

机构设置方面，处（部）室划分应与生产经营实际情况紧密结合，逐步向项目规划、项目管理、数据应用等功能性划分过渡。人员配备方面，逐步加强机构力量，提高人员专业素质与管理水平。

17.1.2 提升保障机构的支撑作用

公司信息化工作的技术支撑单位主要是指信息与通信技术中心和勘探与生产数据中心。机构设置方面，两中心需在公司深入推进“三化”工作过程中，结合生产经营实际，分阶段建立项目建设、数据分析、数据采集、科技研发等专业部门，合并职能重复、业务交叉部门，以提高对公司“三化”工作的支撑力度。岗位落实方面，两中心需根据“三化”工作开展的具体情况和业务变化，完善岗位设置，配置专业人员。工作形式方面，面对“三化”工作需要跨部门协作的情况，两中心可试点团队工作制，以团队为载体，多部门、多领域专业人员相互配合，完成临时任务目标。

17.1.3 优化二级单位组织结构

各二级单位要进一步优化原有信息化工作组织结构。各二级单位特别是主要生产单位，要根据“三化”工作开展的实际情况，适时增加或删减与生产经营需要不相匹配的组织机构。本着效率优先的原则，在确保单位生产、经营、管理正常运转的前提下，逐步合并职能重复、业务交叉的组织机构，提高单位生产运行的效率和质量。同时，加强信息技术部门与生产部门的工作融合力度，提高生产信息化效率，推进数字化气田建设。

17.1.4 加强信息化工作人员配备

结合公司“五定”工作要求，在具备条件的单位，须设置专门的信息技术或管理部门，配备专职“三化”工作人员。在不具备条件的单位，也须严格按照岗位设置，足额配备专职信息化工作人员，确保单位“三化”工作的顺利开展。项目经理部下设项目组，具体承担业务、技术、质量、综合管理等实施任务。

17.1.5 进一步优化“三化”工作管理模式

在新形势下，通过业务切实主导、各方高度协同，促进信息化与勘探开发业务深度融合，建立“两化融合”工作管理模式（图 17—1—1 左）；在项目建设流程方面，通过管理制度创新，实施策略创新、加快信息化项目建设进程（图 17—1—1 右）。

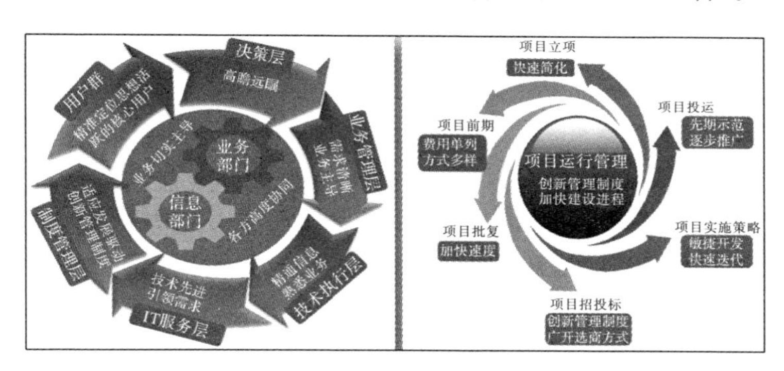

图 17—1—1 公司“三化”工作管理模式及实施策略

17.2 人才队伍建设

按照“油公司”模式下专业化、集约化、市场化的指导意见，优化人员结构，提高管理效率，集中力量整体增强“自身能干的核心业务和关键业务”技术能力，利用技术手段或外包服务减少生产信息化辅助系统巡检维护、通信网络巡检维护等可替代性强的低端低效业务人员，有效支撑主营业务发展。

17.2.1　加强人才培育，提升员工专业技能

公司及所属各单位要建立完善信息化技能培训制度，开展多方位的人才交流学习，开展劳动技能竞赛，提升人才专业技能；公司范围内逐步实行信息化工作取证上岗，同时鼓励员工参加信息化相关的资格证书考试和行业认证考试。各单位需根据实际情况，将以上做法与绩效考核挂钩。

生产管理人员也必须加强信息化培训，让油气田公司的管理人员、技术人员和操作员工掌握一定的信息化知识，能够不断提升员工信息化的应用和管理水平，通过信息技术人员多与油田生产管理人员沟通交流，通过不断磨合，更有利于在石西油田信息化中总结出对企业管理和优化有用的建议。各层次应用人员的培训提高，必须合理制订信息化培训计划，可通过人才专业培训、技术交流、对外合作等多种方式进行，同时还可在今后的信息化建设实践中不断培养人才、发掘人才、充实信息化队伍。

17.2.2　引进外部人才，提升公司业务水平

油田生产专业性较强，信息技术人员缺少油田专业知识，油田生产管理人员不了解信息化实现的方法过程，往往开发出的产品无法达到预期要求。所以，油田信息化不仅缺少信息技术人才，还需要掌握油田生产业务和管理的综合性人才，才能充分了解企业信息化需求，能够合理地进行信息化转换。所以企业需要不断加大在人才培养方面的投入，培养精通油田专业知识的信息技术人员，不断培养经验丰富的信息化队伍。考虑到 IT 行业的具体情况，公司及所属各单位可考虑从外部以市场化用工的方式适量引入高技术、高水平信息化人才，提升公司信息化工作的业务水平，带动内部技术人员的技能提高，为公司信息化工作的进一步推进打下坚实基础。

17.2.3 探索共建模式，积极引流外部资源

信息化技术发展更新快速，在建设时通常会使用多种新技术，所以信息化建设存在许多风险，主要包括应用系统是否满足企业业务需求，应用系统是否可以集成，软件的兼容性和可用性，以及数据处理的程度等。尤其是在公司信息集成过程中，对信息化的内涵、目标与内容的认识存在差异，可能导致油田信息化建设缺乏整体性。公司及所属各单位应积极探索与外部科研机构、企业、高校建立共建模式，合作进行项目建设、实验室打造等，广泛获取外部行业资源。同时，通过共建模式，带动内部人才的技能提升。

17.3 完善与规范管理制度

17.3.1 进一步完善“三化”工作管理制度

结合“三化”工作开展的实际情况，公司及所属各单位须及时建立与组织结构变化相适应的管理制度，并加以落实。随着各项业务流程的优化，及时建立与新流程相匹配的流程制度，并根据实际需要，出台相关业务流程管理办法或操作手册。针对“三化”工作推进而产生岗位的变化，及时调整岗位职责，建立相应规范。

17.3.2 进一步完善“三化”项目匹配标准与规范

公司及各单位应加强学习国家相关政策、制度，参照行业标准，引入先进经验，进一步完善“三化”建设项目相关的匹配标准及规范。信息安全已经引起党和国家的高度关注，近年来国家相继出台了许多政策法规和制度办法，国家信息安全整体水平有

了进一步提高。目前公司坚持“谁主管谁负责、谁使用谁负责”的原则，已经在信息系统安全方面制定了一系列管理办法，明确了信息系统安全基本目标，提出了基本要求。公司要建立健全信息系统安全管理制度和标准，做到有章可循。信息系统安全工作要在信息安全制度与标准建设方面推进，完善规章制度，形成机制，加强制度的学习和宣贯，建立规章制度实施的保障机制，强化规章制度实施的检查监督，优化信息安全制度和标准体系。实践证明，制度对规范运作、科学管理的作用至关重要。制度优势、标准先行可以转化为竞争优势，形成一整套行之有效的制度和标准，指导信息系统安全建设、运维等工作。

17.3.3 建立激励约束（量化考核）制度

公司及各单位应及时建立和信息化工作紧密结合的激励约束机制，并以制度形式固定，有效形成针对“三化”工作的开展情况的奖惩制度。应建立精准激励制度，通过绩效考核、鼓励参加专业培训、举办劳动竞赛等形式，对工作成绩突出的员工实施正面激励，提高员工的工作积极性。应建立适当的约束制度，通过绩效考核、单位工作评比等方式，对工作成绩不佳的员工实施负面激励，督促员工做出正向努力，提高工作质量。

加强信息系统的在线运行以及升级维护工作，不断提高完善原有系统的功能，及时替换功能重复的已有系统。系统建成以后，所有的相关业务要切换到系统中完成，系统将为业务工作的稳定开展提供有效支持。油田公司要将系统正常应用作为成功上线的标准，促进系统建设成果及时转化为应用效益。管理是行之有效的信息化实施方法，是企业信息化建设能力的重要内容，信息化建设的组织者、实施者、参与者都要深刻理解项目管理的理念，熟练掌握和运用项目管理方法。要严格控制项目范围和成本，强化项目质量管理，按计划进度组织完成好各阶段任务，包括项目可研、招标选商、需求分析、方案设计、系统上线等，按时交付阶段性成果。公司要进一步加强对信息化项目实施的督促和检查，对项目关键节点和阶段成果及时审查把关，并定期通报各项目进展情况。要加强信息化建设中的反腐倡廉工作，严格执行公司招标管理办法，规范招投标行为，做到按章办事、规范公正、清正廉洁，维护和营造风清气正的工作环境，保持信息化工作的纯洁性，努力建设“阳光工程”。学习推广其他油田在信息化系统应用考核方面的成功做法，积极研究制定相应的系统应用考核管理细则。要将信息化管理指标与相关操作人员的绩效挂钩，定期自动提取数据，进行考核评比，及时进行结果通报，从而保证信息化系统充分有效应用。

18 “三化”建设策略

油气田全面信息化建设涉及的范围不仅仅是生产经营方面的信息化，还包括地质综合研究领域、生产运行管理、生产经营管理等方面的内容。在上章中主要探讨了油气田生产经营管理信息化的内容，本章则从整体入手，探讨油气田全面信息化建设方面的内容。主要思路是先介绍油气田信息化规划，再简述油气田信息化框架的具体内容，特别强调了信息化规划的 ERP 规划部分，最终提出对油气田信息化前景的展望。

18.1 油气田公司“三化”建设的规划

18.1.1 “三化”建设的指导思想与规划原则

信息化建设要以党的十九届四中全会精神为指导，按照全面贯彻科学发展观的要求，站在油田可持续发展的战略高度，以“信息化带动工业化，工业化促进信息化”的理念，把提高应用信息技术的能力和促进信息技术的普及应用作为优先发展的两大领域，大力开展油田核心业务信息化，加强信息资源深度开发、及时处理、传播共享和有效利用，使业务流程持续优化、生产运行有序高效、经营管理透明规范、决策支持及时有效、服务形式快捷多样，推进和谐油田建设。

油气田信息化建设发展应遵循以下基本原则：

①坚持规划引导，重点突出，充分发挥信息管理部门在统筹规划、宏观调控、统一标准、市场秩序、政策导向等方面的作

用，对信息化建设全局予以指导。努力做到三个适应：一要适应油田发展战略对信息化更高层次的需要；二要适应提高快速应对市场变化能力、不断提高生产运营水平、降本增效对信息化的需要；三要适应油田参与国际竞争对信息化的需要，保证信息工作的全面协调可持续发展。

②坚持做到“五个统一、两个必须”。“五个统一”即统一规划是前提、统一标准是基础、统一建设是方法、统一投资是手段、统一管理是关键。“两个必须”：一是必须统一思想认识，切实加强领导。二是必须抓好信息技术与专业应用的结合，实现信息技术和专业技术的互融互通，促进共同提高。

③坚持上市和存续信息化统筹发展。油气田信息化是一个系统工程，上市公司部分和存续部分在信息传递和交流是一个整体，信息化建设要做到“两个立足，两个带动”：立足于提高油田勘探开发水平，以勘探开发核心业务信息化建设辐射和带动辅助业务信息化建设；立足于提高油田精细管理水平，以核心业务管理信息化建设促进和带动油田辅助生产管理水平的不断提高，实现上市公司部分和存续部分信息化统筹发展。

④坚持勘探开发一体化，坚持强化信息安全建设。一是充分考虑勘探、开发的不同需求，通过不同专业信息整合，实现跨学科、跨地域的专家能够针对同一地质研究对象进行协同工作、交流知识、共享成果，实现勘探开发一体化，达到多学科的结合、技术与经济的结合、方案与实施效果的结合。二是在加强信息基础设施建设，尤其是数据资源建设和共享，开展更广泛和更深层次的信息技术应用的同时，高度重视信息安全建设，坚持信息化与信息安全的同步发展，维护信息安全和社会安全。

⑤坚持三个结合。一是坚持条块结合。在网络建设、信息资源开发利用等方面，坚持条块结合，坚持核心业务信息化与生产辅助信息化密切结合、协调发展。二是坚持点面结合。树立不同

类型、不同信息化水平、不同投入产出比的各类信息化示范样板，既要有中、高级信息化的典型，也要有初级信息化的样板，以点带面，推进信息化的发展。三是坚持超前与现实相结合。信息化发展要坚持高起点、快发展，要立足油气田实际，有所为，也有所不为，重点解决信息化建设和信息产业发展中的主要矛盾。发挥比较优势和后发优势，实现跨越式发展。

⑥坚持扩大开放，坚持人才培养。一是信息化建设要紧紧跟踪世界信息化潮流，学习国内外的先进经验，加强与国内外的交流与合作，积极跟踪、引进和吸收先进技术，实行“引进来”与“走出去”并举，避免走弯路。坚持产业开放、市场开放，完善市场运作机制。二是把科技创新和人才资源开发引进放在更加突出的位置，努力营造尊重知识、重视人才、鼓励创业的社会环境，充分发挥各类信息化专业人才的作用。

18.1.2 “三化”建设规划目标

油气田信息化建设的总体目标为“建成一个中心、构筑三个平台、开展八项工程、形成四个体系”：即建成一个数据中心，实现油田数据集中统一管理；构筑地质综合研究、生产运行管理、经营管理等三个信息平台；开展数据管理与服务、勘探开发决策支持、油田生产指挥、经营管理决策支持、油田施工方案优化、油田开发系统效率优化、数字生活和信息化基础建设等八项系统工程建设；形成勘探开发综合研究及决策支持、生产运行管理及系统优化、经营管理及决策支持和社会化信息服务四个体系。

油气田信息化建设最终争取建成国内石油行业一流的数据中心管理与服务体系，使专业人员收集、整理数据的时间减少30%以上；在地质综合研究领域，实现先进大型软硬件资源远程共享，建成勘探开发决策支持系统，形成满足油田勘探开发协同研究的软件技术系列；在生产管理领域，实现油田生产动态的及时、准确把握，事故提前预警，实现施工方案和生产过程优化；在经营管理领域，完成 ERP 功能的补充完善和经营决策支持系统建设，实现现有经营管理系统与 ERP 的集成、整合；在社会化信息服务领域，实现政策、法规、医疗卫生、养老、住房、交通、餐饮等信息的网上查询，满足职工生活信息的需求。完成职工网络培训体系的建设，满足职工学习知识和提高技能的需求。

18.1.3 “三化”建设的内涵

1. 属地规范化

以各类型气（油）井、站场、管道及配套设施为对象，以“管什么、怎么管，管的质量和标准”为主线，全面构建“一层（井）一策”“一站一案”“一线一案”的管理规范，以及生产现场形象规范手册和施工作业现场标准化图册、施工作业现场检查手册与监督工作质量标准等，为生产、作业“两个现场”的受控奠定基础。属地规范化管理要系统梳理集成生产管理、QHSE 管理、合规性管理、完整性管理、三基工作、承包商管理等，形成可视化成果和要求。

2. 岗位标准化

以持续推进基层开发生产管理与操作岗位“干什么、怎么干、干的质量和标准”的工作标准体系建设完善与实效运行为主线，各单位要结合生产工艺与配套系统实际、中心站有人站无人站等动态优化与建设完善、岗位配置与职责赋予、工作界面划分与专业协同等要素，对运行监控、巡回检查、操作维护、分析处理、属地监督、风险管控及应急处置等事项进行规范，要在抓好抓实工作质量标准、QHSE 站队标准化管理手册、班组管理手册与班组员工操作手册等建设完善、配套标准化培训课件的配置与岗位责任制建设落地等方面进行安排部署。

3. 管理数字化

依托物联网建设完善的作业区数字化管理平台，借助“云网端”手段，将“岗位标准化、属地规范化”相关要素数字化，实现基层管理制度流程重塑、工作全过程自动“写实”“远程支持协作”及“大数据”挖掘应用，推动基层管理由传统模式向“数字化”转型。

4. 自动化生产

实现生产网对生产系统的实时监控与预测预警，建设完善以SCADA系统为核心的自动化监控系统，利用物联网智能感知识别技术推动设备设施状态、生产过程数据自动采集传输交互，生产管理系统自动化提示预报警与运行优化等，全面支撑生产“全过程全方位安全受控”。

5. 数字化办公

依托办公网构建覆盖油气田开发全过程的满足公司、矿处两级应用（延伸至作业区）的业务管理应用平台，实现业务标准化、标准流程化、流程信息化、信息平台化，最终实现开发业务工作协同化、管理一体化、应用集成化，加快传统开发业务管理模式到网络化运行管理模式的转变，实现无纸化办公。

6. 智能化管理

集成综合应用生产网、办公网数据信息，通过“两化融合”打造新型能力等工作，重点开展二次组态与系统建模，推动智能化工具集成应用与定制开发，重点解决智能设备远程诊断专家系统建设、生产工艺系统与设备设施工况分析故障判断模型开发、生产数据与专业软件集成应用远程协同、开发完善数据库客户端工具实现生产与业务大数据挖掘应用等。

18.2 油气田“三化”建设规划具体框架

油气田信息化“十三五”规划框架的搭建，标志着油气田全面信息化建设进入各大模块全面推进的阶段。根据油气田信息化规划目标，油气田信息化框架主要包括四个方面的工作，即建成一个数据中心、构筑三个平台、展开八项工程、形成四个体系。该框架是在油气田前期信息化建设的基础上，进一步完善ERP等核心信息化系统，最终完成胜利数字油田系统框架的建设。

18.2.1 建成一个数据中心

按照数据资产化管理理念，建成具有国际水准、油田特色的油气田数据中心，实现源头采集、标准唯一、内外兼有、结构合理、安全可靠，覆盖油气田生产经营全过程，实现数据集中管理、授权共享，满足勘探开发、生产运行、企业经营管理、专业化施工监督、社会化信息服务等领域对数据的需求。

通过数据中心建设，首先是要提高六项能力：一是更快、更有效地组织、传递信息的能力；二是整个公司内的信息一体化管理能力；三是实现数据输入/输出格式的标准化，保证信息在全公司内畅通无阻的能力；四是实现全公司范围内分布存储数据的集中管理，确保为综合研究提供准确数据的能力；五是建立完善的、能够充分体现数据价值的、支持业务决策工作流程的能力；六是合理调整应用软件，尽量做到应用软件与数据管理无缝连接的能力。其次，要实现四个转变：数据由传统逐级汇总向数据源头一次采集、授权共享转变；数据应用由传统的通过数据接口实现数据共享向基于数据中心数据共享转变；数据由分专业部门组织向企业组织转变；专业应用由单专业孤立工作向跨专业协同工作模式转变。

18.2.2 构筑三个平台

1. 地质综合研究信息平台

实现不同专业、不同应用系统之间信息的交流和工作协作，主要完成油田勘探开发研究流程优化和完善，确定不同工作岗位工作内容、工作方式，实现不同岗位在线协同，促使多系统、多方法研究成果实时对比分析。完成油田主流大型专业软件数据交换标准制定，实现不同大型专业软件中间成果的共享，最大限度减少研究工作人员的重复工作量。

2. 生产运行管理信息平台

实现生产管理相关部门信息流转、不同生产管理模块整合和工作协作，主要完成生产运行管理流程完善和优化、不同生产管理模块整合和数据交换标准制定，建立生产典型突发事故的应急预案调用机制。一方面实现基层队、采油厂和局级层面管理报表网上自动生成，取消纸介质报表，减轻不同管理阶层的统计分析工作量；另一方面实现信息共享和生产有机衔接，促进生产指挥优化和生产联动；再一方面实现突发事件的及时应对。

3. 经营管理信息平台

按照替代、集成的原则，不断完善 ERP 其他模块的推广应用，完成公司内部 ERP 与 ERP 不能覆盖的经营业务的数据交换；完成 ERP 与管理局经营管理系统的高效衔接、规范运行，实现经营管理系统的集成和整合。按照“价值链”管理思想，完成与供应商、销售商、客户管理系统的数据交换，实现信息的及时沟通，规范对外业务，促进经营管理业务流程的再造和持续优化。

18.2.3　开展八项工程

1. 信息资源管理与服务系统工程

在企业层面营造综合信息资源共享环境，建立数据、业务组件、业务框架等从登记注册到申请调用一体化的资源管理与服务机制，为综合研究、生产运行、经营管理为主的综合应用体系提供信息资源服务。重点开展以下几项工作：①数据采集内容变更动态维护；②数据质量的监控与跟踪；③图形文档成果管理；④经营管理源头数据采集；⑤数据服务体系建设；⑥外部信息采集。开展与油气田相关的外部政策、法律法规、油价、行业动向等信息的梳理分析，实现国内同行业经营动态、改革动向、新技术进步、能耗等情况的及时把握，实现与外国市场相关的国家资源、税收、法律法规、人文政治等信息适时采集，为油气田科学决策和寻求国际合作提供依据。

2. 勘探开发决策支持系统工程

通过整合勘探开发相关数据和成果，实现三个结合，即多学科的结合、技术与经济的结合、方案与实施效果的结合，达到不同专业、学科知识的融合，提高勘探开发决策支持水平。重点开展以下几项工作：①勘探决策支持系统建设；②开发决策支持系统建设；③采油工程决策支持系统建设。

3. 油田生产指挥系统工程

实现生产、施工过程动态信息实时掌握，提高生产、调度、运行的效率；实现多系统、跨地域配套联动，快速反应，提高对突发事件的应急处理能力。重点开展以下几项工作：①勘探生产管理系统建设；②局厂两级生产指挥系统建设；③专业施工过程监督系统建设。

4. 经营管理决策支持系统工程

在经营信息综合查询的基础上，通过建立投入产出数学模型，推进 ERP 与现有科研、生产系统融合，实现价值量与实物量、价值量与人工成本综合分析，及时发现管理漏洞，实现勘探开发项目施工效果评价。通过建立油田生产经营 KPI（关键绩效指标）体系，建立财务、资金、人力、资产等经营分析模型和管理驾驶舱，通过图形、曲线形象直观地多方位观察企业运营状况，为经营决策提供支持，促进企业业务流程持续优化。

5. 油田施工方案优化工程

完成物探、钻井、作业及地面工程等施工方案设计优化系统建设，并实现对已完工工程全面的技术经济评价，加深对区域地层因素的认识，掌握区域施工规律，促进施工质量和经济效益不断提高。重点开展以下几项工作：①物探施工方案优化系统建设；②钻井施工方案优化系统建设；③油水井作业施工方案优化系统建设；④地面工程方案优化系统建设。

6. 油田开发综合效率优化工程

通过科学经验模型的建立，重点对占油田 70%以上能耗的机械采油、油田注水、供配电、油气集输、交通运输等系统的生产运行现状进行全方位的研究分析，突破单一系统节能技改模式，深入探讨相互之间的关联和影响，确定科学合理的指标及参数组合，强化系统之间的高效衔接。采用相应的节能技改措施，提高生产运行全过程的综合效率，全面实现节能降耗。

7. 数字生活系统工程

通过网上虚拟信息社区、智能化小区、数字电视和网上职工培训教育体系建设，实现网上信息服务，形成涵盖油田各项科研、生产、管理的网上教育资源，不断创新信息技术的服务内容，规范网络文化传播秩序，使科学的理论、正确的舆论、高尚的精神、优秀的作品成为网上文化的主流，满足油气田以人为本的文化生活服务需求。

8. 信息化基础建设工程

通过信息化基础装备、标准体系和管理体系建设，打造适应油田信息化发展战略的坚实基础，形成一套满足油田勘探开发专业应用需求的软硬件配置格局。重点开展以下几项工作：①信息化装备配套；②安全管理体系建设；③信息化标准体系建设；④企业信息门户建设；⑤配套管理体系建设。

18.2.4 形成四个体系

1. 勘探开发综合研究及决策支持体系

建成勘探、开发、采油工程决策支持系统及配套的应用中心，实现研究工作方式从单一学科研究向多学科协同研究转变，决策模式从传统个人经验决策向基于专家知识的团队决策转变，形成勘探开发综合研究及决策支持体系。

2. 生产运行管理及系统优化体系

完善生产运行综合业务管理，建成勘探开发生产指挥、专业施工过程监督、施工方案设计优化及油田开发综合系统效率优化系统，实现现场生产动态把握由传统人工巡检、逐级上报向动态实时监控、指挥的转变，实现节能降耗由过去单一系统节能技改向综合系统效率优化转变，实现油藏管理由传统经验管理向以专家知识为支持的细化管理转变，提高油田对突发事件的应急处理、系统优化配置和油藏动态跟踪分析能力，形成生产运行管理及系统优化体系。

3. 经营管理及决策支持体系

建成信息集成的油田经营信息配套，完成油田经营指标的多维统计分析，建立基于专家分析的团队决策模式和运行机制，实现经营管理由过去的分部门操作向不同部门业务联动转变，财务管理由传统的事后分析、期末转账向事前预测、事中控制、优化决策转变，形成油田经营管理及决策支持体系。

4. 社会化信息服务体系

按照构建和谐社会的要求，建成服务便捷、内容丰富、健康向上的社会化信息服务平台，实现职工培训网络化、小区管理智能化、社区服务多样化，充分发挥信息网络主流媒体的作用，大力弘扬以“创业、创新、竞争、发展”为核心内涵的胜利企业文化，唱响时代主旋律，引导广大职工从创业走向创新、从胜利走向胜利的进取精神，实现油气田持续稳定发展的目标。

18.3 油气田“三化”建设规划核心内容——ERP 后期完善

企业信息化的重点和难点在于企业经营管理信息化，油气田经营管理信息化是油气田信息化三大模块之一，是全面信息化建设的重中之重，经营管理信息化的核心就是 ERP 系统建设，因此油气田全面信息化规划对 ERP 系统的规划设计主要体现在经营管理信息化方面。由于 ERP 系统建设已经取得了一定成效，后期 ERP 主要体现在完善、强化系统功能以及数据保护、维修等方面，主要包括以下几部分内容。

18.3.1 提高 ERP 系统健壮性

提高系统健壮性，保障 ERP 安全稳定运行。该部分计划内容主要包括：一是对业务流程、后台配置、系统数据进行梳理整合。二是进一步优化支持体系，充分发挥外部埃森哲、SAP 公司的顾问远程支持，以及油田内部顾问、关键用户直接支持的作用，保障 ERP 系统的稳定运行。三是加强 ERP 系统技术支持工作，主要包括数据管理、系统管理、安全管理及网络管理等方面。四是细化权限管理，在对权限的使用、变更进行动态监控的基础上，逐步由“以用户为中心”向“以岗位为中心”的管理模式转变，一个用户只对应一个本地角色，从而保证权限三要素（权限、用户、岗位）都在ERP系统内反映出来。五是加强制度建设，在完善各模块业务操作规范和岗位工作职责的基础上，明确考核范围、细化考核指标，从系统运行、报告、变更、考核等各方面做到上下一致、管理规范，形成一整套的ERP监督考核体系。

18.3.2 提高ERP系统连续性

要提高ERP系统连续性，就必须开发实施油气田ERP系统连续性规划。该部分内容包括：一是与原IBM的系统结合，制定和实施油气田ERP系统数据容灾及业务连续性方案，利用远程数据同步技术保证数据的完整性和一致性，尽量减少数据丢失。二是制订涵盖ERP各业务模块的应急预案及建立一支高素质的灾难恢复队伍，保证业务的连续性，进一步提高油田ERP系统的安全性和稳定性。

18.3.3 完善ERP系统查询功能

进一步完善ERP系统查询功能，特别是开展领导信息查询系统建设，保证油田领导能够及时、准确地得到必要的数据，拓展系统应用空间。该部分内容包括：一是进一步细化查询功能，数据查询要直接追溯到单据、凭证等源头数据，实现数据分析。二是在线提供基于不同查询纬度的信息展现，实现各个模块间的信息关联，做到量、价信息的集成展现。三是在完成数据分析的基础上，结合油田主要生产经营指标，进行决策支持模型的建设，为领导决策提供信息支持。

18.3.4 强化ERP应用人员持续培训

必须强化ERP应用人员持续培训，不断更新他们的知识体系，这样才能提高系统运行效果。该部分内容包括：一是对领导层以及业务操作人员进行分层次的持续培训，进一步提升系统应用效率。二是对支持人员和关键用户进行高层次培训，培养油田自己的内部咨询顾问，要求内部顾问不仅要熟练掌握已实施ERP的功能，锻炼处理问题的能力，在应用中持续提高，还要着力挖掘和发挥ERP软件的强大功能，进一步完善和优化ERP系统。

18.3.5 加强ERP系统整体规划

必须加强整体规划，拓宽ERP系统应用范围。该部分内容包括：一是生产科研管理系统结合数据采集和综合研究应用系统，将数据资源纳入数据中心统一管理，形成基于数据中心的生产科研综合应用系统。二是经营管理系统采用围绕ERP系统为中心进行构建的模式，对于ERP系统完全覆盖的业务，全部在ERP系统内部实现；对于ERP没有完全覆盖的业务系统，主要业务在ERP系统内部实现，通过数据接口实现数据交互；对于ERP系统对应产品能够实现的业务，按照中国石化总体规划，争取在ERP系统内部实施。三是业务管理系统主要涉及与ERP系统联系不紧密的系统，这些系统保留并且独立完成各业务功能，系统之间通过接口和与ERP系统信息交换，通过生产经营监督系统进行整合，实现统一接口，提高信息访问效率。

19 强化两个“三化”的应用实施

19.1 完善两个“三化”体系建设

两个“三化”体系建设是企业的战略任务，覆盖企业全局，需要采用系统方法，将相互依赖与相互关联的相关活动和过程视为一个系统，从全局角度对企业两个“三化”的整体运行进行全面管理，加强两个三化相关活动和过程的有机关联，实现动态改进和全局优化，以确保有效形成新型能力，不断提升总体成效。而本次调研反映出油气田推进“两化”深度融合的全局性和系统性亟待加强。一方面，在整体规划层面，需要加强整体与局部的分解关系和分工协作机制；其次，业务部门需要加强对新型能力打造和信息系统建设的积极性和参与度；三是建立新模式和新业务的扎根和推广需要的作业流程和生产制度配套，例如“中心井站+无人值守”模式；四是加强组织模式的调整和复合型人才的引进与培养，以满足打造新型能力的需求。

19.2 强化两个“三化”标准研制

通过调研发现油气田两个“三化”尚无统一标准，尚未开展大数据开发利用的总体规划，没有设置具体的目标与定位、缺乏统一的指标体系与技术标准。信息接口的数据标准缺少明确的定义，数据标准不统一，项目存在多个代码（生运处、物资设备管理部）。目前的数据交互主要依靠信息化系统的承建方，按照后建服从先建的原则进行设计，质量难以把控，部分系统平台存在功能重复与数据重复录入问题。因此，需要根据企业自身发展特点考虑下属矿区油气开发业务状况，建立两个“三化”建设标准体系，遵循一定的逻辑与结构，坚持目标明确、全面成套、层次适当、划分清晰的原则。

19.3 强化两个“三化”战略规划

由于总体设计的缺乏，部分系统常常在没有理清现状、远景、目标与步骤的情况下就匆忙上马，导致在建设、运行、管理与运行效果等方面出现较多问题，如“信息孤岛”问题、“华而不实”问题、“重系统、轻运营”问题、标准统一问题、灵活性与扩展性问题等。为避免以上问题，需要对系统建设的各个方面、各个层次、各种参与力量、各种正面的促进因素和负面的限制因素进行统筹考虑，理解和分析影响信息系统建设的各种关系，从全局的视角出发，进行整体技术结构的设计，做出各种管理和技术决策，提出体制和业务的改进建议。从调研情况来看，油气田在信息化项目建设及管理方面存在较多问题。首先，需要加强各部门、各专业主导建设的各系统间信息沟通；其次，业务部门的信息化建设需要加强顶层统一的管控和指导，历史分步建设的统一规划有待加强；再次，油气田系统林立，投资主体多元，系统建成周期跨度较长，需要对系统应用的效能做出准确清晰的评价；最后，强化对软件开发项目过程管理制度要求以及责任落实。

19.4 强化两个“三化”综合集成

目前公司的内外部集成水平与协同能力尚显不足。基于统一平台的业务信息尚未完全互通，仅具备部分集成能力。财务牵引的相关信息互通水平相对较高，基于价值链一体化管控和基于全生命周期的一体化管控水平较低，导致数据的整体运作利用仍然存在信息孤岛现象。内部系统分散，具体表现在：营销数据及客户数据系统分散、营销管理系统信息分散、客户信息管理系统及ERP营销信息系统分散，这些分散的系统导致相关数据不能互通，难以发挥集中决策支持作用。下一步要重点加强一体化建设，以互联互通为目标，打通各个环节，最终达到横向集成、纵向集成和端到端集成。持续推进销售和调度等各个环节的协同作用，完善一体化和全生命周期管控。

19.5 强化两个“三化”监督检查

通过对两个“三化”管理体系相关标准深入解读、集中学习，建立起一套符合企业实际情况的“两化融合”制度文件体系，在管理职责、基础保障、实施过程等多方面推进“两化融合”管理体系的实施运行，保障制度规范的宣贯和落地实施。当前，油气田公司制度文件体系的建设和运行存在系统性和完整性不足、有效性和适宜性有限、宣贯和执行不到位、管理机制尚未建立健全等突出问题。

20　变革两个“三化”产业模式

20.1　实现生产实时化

新一轮科技革命的信息大联动成为当今油气产业变革的重要特征，油气行业领域正孕育着新的科技革命的突破。油气行业的信息互联网就是用信息大联动的理念所形成的创意，该互联网在扁平化、分散化的新经济模式下，实现分散基础上的广泛联动合作。

①需要实现生产运行管理相关的生产数据平台、生产视频监控、地理信息系统（A4）的数据整合与应用集成，实现数据来源的实时化，对输气管网、场站运行动态的实时展示和分析。

②需要基于实时数据的生产动态综合展示、生产运行异常分析、工艺流程异常分析、设备运行异常分析、生产、工艺、设备异常警示等实时数据深化应用，实现生产过程全面受控及油气产一输一销全产业链生产动态、运行工艺的智能分析与预警的信息化支撑。

③需要对设备的动静态数据进行组态画面的综合展示，实现设备预测性维护。

20.2　实现过程自动化

在自动化生产方面：不断完善气田“云、网、端”的基础设施配套建设，充分运用成熟的工业控制、视频安防、网络通信技术，狠抓自动化设备设施运维工作，确保运维工作执行到位，应急处置及时有效，实现气田全天候安全平稳生产。其预期效果为：

①设备系统效率分析、改造、维护提供依据的地面生产动态数据管理。

②集输系统集输生产运行计划、腐蚀监测计划、检维修计划等计划的编制、审核、下达管理。

③油气集输系统中管线运行状态、集输设备运行状态、系统腐蚀状况、设备保养维护、管线完整性的日常动态分析。

④自动预警提醒管理：根据生产实时数据及定期监测数据等，通过系统各种模型自动计算，得出提醒结论：如清管、压力容器定期检验、重点设备维护保养周期、检维修周期等。

核心是生产网对生产系统的实时监控与预测预警，建设完善以SCADA系统为核心的自动化监控系统，利用物联网智能感知识别技术推动设备设施状态、生产过程数据自动采集传输交互、生产管理系统自动化提示预报警与运行优化等，全面支撑生产“全过程全方位安全受控”。

20.3 实现油田智能化

在智能化管理方面：实现数据集成共享应用、专业软件的集成与应用，系统功能模块的灵活定制，系统应用多样化展示，进而实现应用集成化、工作协同化、功能模块化、管理一体化，加快传统的开发生产业务管理模式到网络化运行管理模式的转变进程，提高开发生产管理水平和科学决策能力，实现信息化与油气田主营业务深度融合，推动作业区业务“岗位标准化、属地规范化和管理数字化”，最终实现开发业务自动化生产、数字化办公，智能化管理。

其预期效果为：

①生产与经营管理：在数字化气田建设完成后，将形成两个闭环的流程，实现生产管理与经营管理的完整结合。在生产管理闭环中，科研部门根据生产情况制定勘探开发方案，提交管理者决策，管理者根据科研与生产情况做出勘探开发决策，向生产管理部门下发执行方案，生产管理部门执行生产任务，科研部门进行动态跟踪研究，及时提出调整方案建议；在经营管理闭环中，经营管理部门根据生产情况制定经营方案，提交管理者进行经营管理决策，生产管理部门根据经营管理决策指导生产管理，经营管理部门动态跟踪生产情况，及时提出经营管理调整建议。以满足油气矿主营业务需求为目标，以应用整合、集成创新为手段，通过生产管理闭环及经营管理闭环的应用实现全业务覆盖、全过程支持、业务环节紧密衔接、生产经营高效协同。

②科研协同：科研协同之前，研究人员所需数据来源多样，收集、整理、加载数据工作量巨大，研究院（所）、项目组、研究人员间在相同研究项目中使用的研究软件种类较多，软件间数据交换困难，人工组织成果和制作成果报告困难，研究成果共享的及时性差。科研协同之后，研究数据自动推送，研究工作在统一的项目环境中开展，研究软件较为统一，研究成果动态更新并及时同步到数据整合集成平台，实现“数据共享、成果继承、效率提升、决策精准”。

③一体化协同工作：通过集成整合信息技术资源，借助已有的 SOA、BPM、物联网、GIS 信息技术，并引入大数据分析、人工智能、机器人、AR/VR 等新技术，构建智能气田一体化协同工作生态环境，高效支撑业务管理协同，稳步实现智能生产优化应用，最终形成“生产作业实时优化、研究分析工作智能化、管理决策流程自动化”的应用场景。

20.4 实现油田可视化

需要实现油气藏三维四维可视化展示、一体化井史分析应用、GIS应用、开发生产全过程跟踪、智能分析、辅助决策支持。将现在的无线传输信息化场站全部更换升级，进一步增加无线网络传输的稳定性和可靠性。同时研究采用运营商无限流量套餐传输重点场站的实时视频逐步取代图片抓拍，以更好地实现对现场的连续不间断可视化监控。

5G通信技术实现商用后，逐步采用5G技术，实现信息化场站的数据全保障传输，同时利用5G技术的低延时、高速率、高稳定性的特点，研究通过5G传输取代传统的光纤线路，在完全满足生产数据和视频传输的要求基础之上，节约投资成本和运维成本。系统产生的日志自动采集、智能识别与筛查，可将不同格式的日志转换成同一格式输出、保存，并进行可视化展示，避免人工检查遗漏，实现日志采集与汇总。

业务流程管理能够集成现有统建与自建的各类数据以及应用系统，提供可视化流程定制功能，并能按照需求定制流程节点的界面支持邮件、短信、界面的提示。生产数据平台建立了与应用层分离的数据采集、存储、发布平台，实现了各作业单元的相关生产动态数据、视频图像的一次采集、统一管理、多业务应用。实现生产动态实时监控、生产安全实时把控、生产运行及时优化、生产应急指挥全过程可视化管理。

20.5 实现管理协同化

管理协同化是指从开发方案制定到新井全面投产，从地面系统监测到生产措施调整，从前方现场施工到后方远程指导，环环相扣，实现科研到生产、安全高效转化。一体化协同工作：是指通过集成整合信息技术资源，借助已有的SOA、BPM、物联网、GIS信息技术，并引入大数据分析、人工智能、机器人、AR/VR等新技术，构建智能气田一体化协同工作生态环境，高效支撑业务管理协同，稳步实现智能生产优化应用，最终形成“生产作业实时优化、研究分析工作智能化、管理决策流程自动化”的应用场景。

到2025年全面建成国内一流的数字油气田，实现天然气全产业链的协同共享。在页岩气、储气库等建成智能化应用示范，设计部署多部门协同、跨学科研究的工作流，实现气藏、井筒、管网、经济一体化联动模拟，支撑天然气勘探、开发、生产、经营的一体化管理和智能决策，实现气田生产效率、采收率与经济效益最大化，达到国内一流信息化建设水平。

1. 促进生产组织方式变革

依托“作业区数字化管理平台”，实现了作业区业务与信息化的深度融合，建立了作业区“平台+业务”管理新模式，促成公司作业区管理从传统管理模式向数字化、信息化管理转型变革。作业区数字化管理平台的运行，有效推动了生产管理由井站独立管理向一体化协同运行、扁平化管理模式转变。通过移动应用，将矿部、作业区、气藏调控中心、中心站、单井等分散在现场的工作动态、生产变化、决策集成到了同一个数字化平台上进行共享，使基层管理人员和一线操作人员从桌面办公中得以解放，井站管控出现新方式。气矿调控中心、中心站员工通过信息化手段，实现对外围无人站点生产情况进行7×24小时不间断实时监控，同时中心井站员工通过移动应用终端实现外围站点的定期巡检、重要设备的周期维护、气井生产动态分析等日常工作任务。

2. 管理成效明显提升

按照“分级分层”的方式，打造了由“调控中心、巡井班（中心井站）、维修班”组成的一体化管理基本单元。依托数字化管理平台，实现所有投产单井和集气站数据集中监视，形成“三位一体”的贯穿气藏管理始终的监控管理平台。将生产管理融入各个层级，打破单井独立管理的传统开发模式，从而减少管理层级、减少值守人员数量、提高劳动效率，由现场管理向远程管理转变，运行成本和劳动强度明显降低，逐步实现全气藏“无人值守”。

作业区数字化管理变革了信息采集、传递、控制及反馈方式，使传统的经验管理、人工巡检的被动方式转变为智能管理、电子巡检的主动方式。将前方分散、多级的管控方式转变为后方生产指挥中心的集中管控，大大提高了生产效率与管理水平。通过作业区数字化管理，减少了信息传递环节，缩短了现场值守人员和管理人员发现问题、分析问题、处理问题的时间，大大减少生产运行成本。

20.6 实现分析的模型化

以模型化、模块化、工作流与云计算为支撑的三大“一体化”技术作为引擎，建立智能化生产经营管理一体化平台，实现气田从研究到生产管理上的指标在线化、决策经济化、管理协同化。指标在线化，通过数据分析、模型计算与网页接入，实现水合物、管输效率与产量预警响应、欠产分析、管网效率与措施评估、产量规划与经济效益在线。决策经济化，通过对地质、气藏、井筒、管网与经济模型一体化研究，实现从产量、产能、采收率到成本与效益的全面分析，实现从定性决策到定量决策的大转变。

20.7 应用愿景

油气田开发生产管理平台总体应用愿景是以油气田开发生产业务为驱动，借助“互联网+”时代的开发生产管理平台建设，实现对企业内外部资源和生产要素的聚合、集成、配置与优化，改变开发生产业务领域条块分割的管理思维，促进传统生产组织方式革新和技术创新，建设自动化、信息化、智能化油田，增强安全管控水平，实现管理创新、降本增效，业务工作协同、生产决策优化，为油气田可持续发展提供新的技术动力。图 20—7—1 是开发生产管理平台总体愿景示意图。

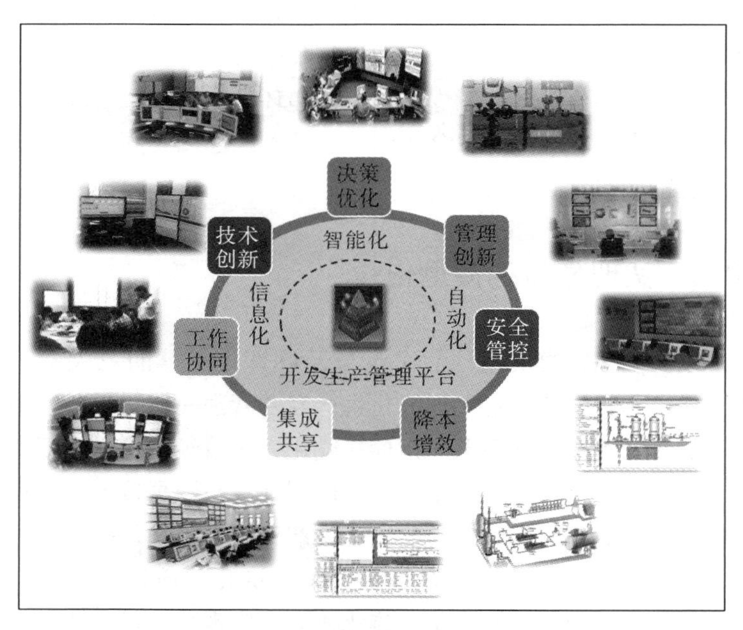

图 20—7—1　开发生产管理平台总体愿景示意图

开发生产管理平台愿景具体可以表现为以下内容（图 20—

7－2）。

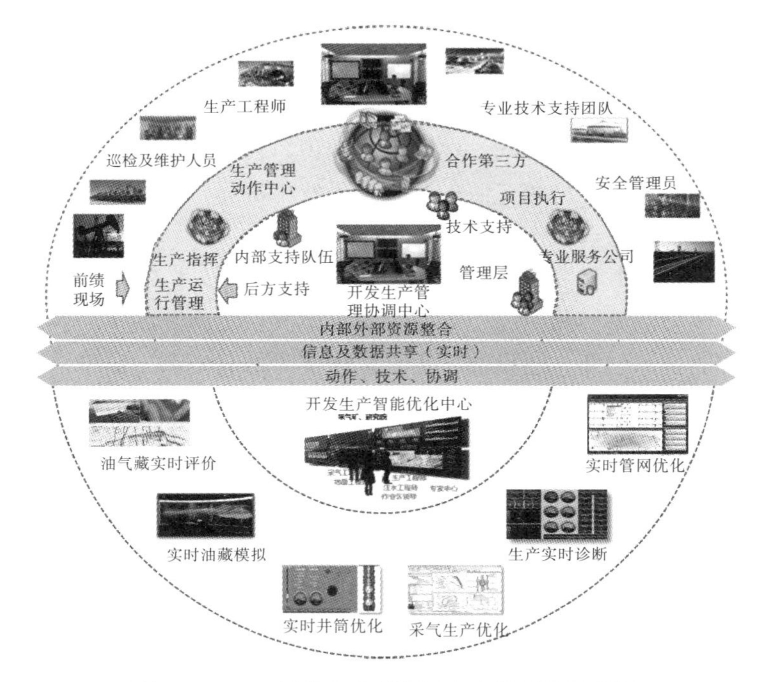

图 20－7－2　开发生产管理平台实现愿景示意图

①继续通过“云、网、端”基础设施建设改造，逐步实现开发生产实时数据一体化自动采集、自动传输与监控，推进“无人值守、电子巡井、远程管理”的一线生产管理新模式，减少用工人员数量，降低生产成本，增强安全环保和风险管控水平，后方人员依托云平台实施专业分析和远程支持，从而提高生产效率和工作质量；

②在开发生产全过程构建一个立体、多维、大范围的数据集成、交换和分享机制，实现信息、技术、知识、研究成果等海量在线大数据能够随时被调用和挖掘，并随时在上下游、协作主体之间流动、分享和交换，加速技术成果快速转化为生产力，发挥

大数据资源价值；

③通过业务流程优化，改变原有的生产组织方式，将相同目的、不同地域、不同专业部门的人员以中心网状发散的模式聚汇到一起，实现开发生产过程“跨地域、跨专业、多部门、实时在线”的大规模工作协同，在数据、知识、技术资源实时共享的和谐环境中相互支持相互协作，有利于发挥群体智慧和创造力，最大程度提高生产效率；

④基于海量实时数据，应用云计算等新技术和各种业务模型、数学模型、知识库、专家系统等模式，实施开发生产各环节的智能技术创新，建设油气田一体化实时仿真模型，借助自动化和信息化技术深度融合，逐步实现生产动态全面感知、生产趋势自动预测、生产过程自动优化的新形态。

参考文献

[1] 宋振晖，邓超. 信息化的背景意义分析 [J]. 信息技术与标准化，2004 (8)：31－33.

[2] 靖继鹏. 信息经济学 [M]. 北京：清华大学出版社，2004.

[3] 卫春增，卢凤君，苏文凤. 企业信息化动力改善措施研究 [J]. 商业研究，2004 (18)：112－115.

[4] 吴瑞鹏，陈国青，郭迅华. 中国企业信息化中的关键因素 [J]. 南开管理评论，2004，7 (3)：74－79

[5] 汪静. 与国际市场接轨是企业信息化的动力 [J]. 企业经济，2005 (05)：92－93.

[6] 欧阳峰，李运河. 企业信息化的演进及其影响因素分析 [J]. 科学管理研究，2005 (04)：67－70.

[7] 曲炜. 企业信息化对竞争力的影响机制研究 [D]. 昆明：昆明理工大学，2005.

[8] 李运河. 企业信息化演进的决定因素研究 [D]. 汕头：汕头大学，2006.

[9] 李学军. 企业信息化驱动模式与持续优化研究 [D]. 北京：北京交通大学，2007.

[10] 田安意. 企业信息化的动力机制研究 [D]. 北京：中国社会科学院研究生院，2008.

[11] 凌心强，李时宣，张彦博. 长庆油田的四化管理模式 [J]. 油气田地面工程，2011，30 (01)：8－10.

[12] 何生厚，毛锋. 数字油田的理论、设计与实践 [M]. 北京：科学出版社，2001.

[13] 王权，杨斌，张万里. 数字油田及其基本架构 [J]. 油气田地面工程，2004 (12)：47－48.
[14] 田锋，王权. 数字油田研究与建设的现状和发展趋势 [J]. 油气田地面工程，2004 (11)：52－53.
[15] 李剑锋. 数字油田在中国的发展及面临的问题 [J]. 数字化工，2004 (9)：4－7.
[16] 李泽莹. 基于物联网技术的海底管道安全管理信息平台研究 [D]. 北京：中国石油大学 (北京)，2016.
[17] 韩江. 物联网技术在长庆低渗透油田开发中的理论实践与探讨 [D]. 西安：西安石油大学，2015.
[18] 晋永川. 浅谈基层基础工作体系的建立与完善 [J]. 石油工业技术监督，2012，28 (2)：43－45.
[19] 王晓华，赵兰栓，徐兆明. 油田企业信息与标准化建设的研究 [J]. 石油工业技术监督，2012，28 (4)：38－39.
[20] 王前，刘通，梁敏，等. ITIL2011 服务管理与案例资产详解 [M]. 哈尔滨：哈尔滨工业大学出版社，2015.
[21] 周旻，郭建昌. IT 运维管理流程体系设计与实践 [J]. 广东通信技术，2012 (04)：11－14.
[22] 张伟，周进生，杨毅. 物联网技术在天然气产业链中的作用与发展趋势 [J]. 中国矿业，2013，22 (4)：94－97.
[23] 何毅，夏政，张箭啸，等. 油气田地面工程数字化建设标准探索 [J]. 石油和化工设备，2014，17 (01)：42－45.
[24] 李杰，尹秀玲，徐海霞. 海外上游油气新项目开拓思考与分析 [J]. 中国矿业，2018，27 (3)：72－74.
[25] 温玉臣. 新“五化”下油气田地面工程设计及建设质量控制研究 [J]. 化工管理，2018，(27)：109－110.
[26] 高瑞民，赵习森，党海龙，等. 基于勘探开发综合信息的新型数字油田研究 [J]. 西安石油大学学报 (自然科学

版），2017 ，32（3）：61—67.
[27] 周孝信，曾嵘，高峰，等. 能源互联网的发展现状与展望[J]. 中国科学：信息科学，2017，47（2）：149—170.
[29] 刘晓星. 基于 CNONIX 标准的数据交换平台核心技术研究 [D]. 北京：北方工业大学，2016.
[30] 李琪，徐英卓. 钻井事故灾难应急信息共享与决策指挥系统研究 [J]. 石油钻采工艺，2012，34（5）：102—106.
[31] 董绍华，张河苇. 基于大数据的全生命周期智能管网解决方案 [J]. 油气储运，2017，36（1）：28—36.
[32] 赵志峰，文虎，高炜欣，等. 长输管道完整性管理中的数据挖掘和知识决策 [J]. 西安石油大学学报（自然科学版），2016，31（4）：109—114.
[33] 黄晓丽，解红军，孙铁民，等. 油气田地面工程建设标准及体系适应性分析 [J]. 石油规划设计，2014，25（2）：1—4.
[34] 梁光川，余雨航. 油气田地面工程标准化设计探析 [J]. 石油工业技术监督，2015，31（5）：21—25.
[35] 王东伟，谢文明. 支撑大数据应用的多元异构数据融合平台的实现 [J]. 智能建筑，2017，（1）：45—48.
[36] 陈亮. 关于加强油气田企业资产管理的思考 [J]. 现代经济信息，2019（03）：304.
[37] 李庆伟. 河南省工业化与信息化融合评价指标体系研究[J]. 商丘职业技术学院学报，2016，15（03）：50—53.
[38] 张铁龙，崔强. 中国工业化与信息化融合评价研究 [J]. 科研管理，2013，34（04）：43—49.
[39] 甘旭超. 风电制造业技术标准化管理成熟度评价研究及应用 [D]. 北京：北京交通大学，2019.
[40] 任俊飞，吴立辉，鱼鹏飞，等. 机械制造企业智能制造能

力成熟度评价研究［J］. 科技创新与应用，2020（02）：55－56，58.

［41］秦燕磊. 基于层次－灰色关联的“两化融合”成熟度评价研究［D］. 哈尔滨：东北林业大学，2018.

［42］金伟晨. 技术成熟度模型建立及其海工应用［J］. 船舶物资与市场，2019：11－16.

［43］柯宏发，陈典斌，郭道通. 信息系统体系成熟度的加权评价模型［J］. 兵器装备工程学报，2017，38（12）：267－271.